autoricerca.com

AutoRicerca

No. 19, Anno 2019

AutoRicerca: No. 19, Anno 2019
Editore: Massimiliano Sassoli de Bianchi
Progetto grafico copertina: Massimiliano Sassoli de Bianchi

AutoRicerca (ISSN 2673-5105) è una pubblicazione del *LAB – Laboratorio di AutoRicerca di Base* (www.autoricerca.ch), c/o *Area 302 SA* (www.area302.ch), via Cadepiano 18, 6917 Barbengo, Svizzera.

ISBN: 978-0-244-75911-7

INDICE

autoricerca.com

AVVERTIMENTO

Le pagine di un libro, siano esse cartacee o elettroniche, possiedono una particolarissima proprietà: sono in grado di accettare ogni varietà di lettere, parole, frasi e illustrazioni, senza mai esprimere una critica, o una disapprovazione. È importante essere pienamente consapevoli di questo fatto, quando percorriamo uno scritto, affinché la lanterna del nostro discernimento possa accompagnare sempre la nostra lettura. Per esplorare nuove possibilità è indubbiamente necessario rimanere aperti mentalmente, ma è ugualmente importante non cedere alla tentazione di assorbire acriticamente tutto quanto ci viene presentato. In altre parole, l'avvertimento è di sottoporre sempre il contenuto delle nostre letture al vaglio del nostro senso critico ed esperienza personale.

L'autore degli scritti contenuti in questo volume non può in alcun modo essere ritenuto responsabile circa le conseguenze di un cambiamento di paradigma indotto dalla loro lettura.

autoricerca.com

EDITORIALE

Questo diciannovesimo volume di *AutoRicerca* è il terzo del 2019. Fino ad oggi, la cadenza di pubblicazione della rivista è stata di due volumi all'anno. Con quest'anno, spostiamo dunque l'asticella un po' più in alto, portando il numero di volumi pubblicati a tre. Avremo in questo modo un numero 19 che costituirà l'ultimo numero del 2019, e un futuro numero 20 che sarà il primo numero del 2020. Che questa "sincronicità numerologica" possa essere di buon augurio per il futuro sviluppo di *AutoRicerca*.

Il presente volume viene proposto sia in edizione italiana che in edizione inglese, a voler marcare ancora una volta lo spirito internazionale della rivista. Questa volta, i suoi contenuti sono interamente dedicati al tema della *fisica quantistica*, con tre scritti a cura di *Massimiliano Sassoli de Bianchi*.

Il primo, è un'edizione rivista, aggiornata ed espansa di un libricino che l'autore ha pubblicato nel 2013, con *Adea Edizioni*, in cui offre una visione disincantata del "misterioso" *effetto osservatore* della meccanica quantistica, di cui oggi si sente così tanto parlare, spesso in ambiti che con la fisica poco o nulla hanno a che fare.

Questo testo, alla sua uscita, ricevette numerosi feedback costruttivi, sia da parte di lettori italiani che anglosassoni. Così, quando recentemente la casa editrice ha deciso di semplificare il proprio catalogo e non più mantenere il titolo, l'autore ha subito pensato non solo di cogliere l'occasione per farne una seconda edizione, arricchita nei suoi contenuti, ma anche di rendere questa volta il testo accessibile liberamente tramite

AutoRicerca, che vi ricordo è una rivista ad accesso aperto i cui volumi in formato elettronico (pdf) sono scaricabili gratuitamente dal sito del *Laboratorio di Autoricerca di Base*.

Più esattamente, il nuovo testo contiene dei riferimenti bibliografici aggiornati e il capitolo sul tema delle *entità concettuali* è stato ampliato nella sua parte finale, che ora contiene qualche doverosa spiegazione aggiuntiva, onde evitare possibili fraintendimenti circa la necessità di operare un distinguo tra le "entità concettuali umane" e le congetturate "entità concettuali della microfisica".

Sono stati altresì aggiunti due nuovi capitoli, uno sul tema dell'*entanglement*, e più esattamente su come comprendere in modo corretto il cosiddetto *paradosso-EPR*, e l'altro sui diversi "effetti osservatori" riscontrabili al di fuori del campo della fisica. Pertanto, anche coloro che hanno già letto la precedente edizione del libro, percorrendolo nuovamente avranno il piacere di scoprire questi numerosi contenuti aggiuntivi.

Il secondo scritto di questo volume contiene la "traslitterazione", rivista e leggermente ampliata, di un video che l'autore ha pubblicato su *YouTube* il 5 aprile 2012, dal titolo *Principio di Heisenberg e Non-spazialità (Non-località) Quantistica*.[1] Questo scritto fu inizialmente pubblicato nel 2013 da *Lulu.com*, per conto dell'autore, ma dal momento che i suoi contenuti sono complementari a quelli presentati nel testo sull'effetto osservatore, l'autore ha pensato fosse vantaggioso includerlo a sua volta in questo numero.

Infine, questo diciannovesimo numero di *AutoRicerca* contiene un breve articolo in cui si esplora la possibilità di *autoteleportazione spontanea* di un corpo umano, secondo quanto sarebbe permesso dalle leggi quantistiche. L'autore lo scrisse in seguito a un quesito postogli da uno scrittore di fantascienza, cercando di offrire una risposta sia in termini qualitativi che quantitativi, cioè facendo anche un calcolo esplicito circa la probabilità di un tale evento. Essendo il contenuto dell'articolo perfettamente attinente ai concetti già

---

[1] *http://youtu.be/nN3BWe4LanQ*

esplorati nei due precedenti scritti, questo offre un ulteriore e prezioso complemento di lettura. Naturalmente, la parte dove viene calcolata in modo esplicito la probabilità di autoteleportazione potrà essere compresa unicamente da chi conosce il formalismo matematico della fisica quantistica, ma buona parte dell'articolo resta nondimeno accessibile anche al lettore generico.

Come sempre, vi auguro buono studio e una piacevole lettura.

L'Editore

autoricerca.com

A PROPOSITO DELL'AUTORE

Massimiliano Sassoli de Bianchi ha compiuto studi nel campo della fisica teorica, conseguendo il titolo di docteur ès sciences (*PhD*) presso l'École Polytechnique Fédérale di Losanna, con una tesi sulle osservabili temporali in meccanica quantistica. Attualmente la sua ricerca verte sui fondamenti delle teorie fisiche, sulla meccanica quantistica, lo studio della coscienza e la cosiddetta 'quantum cognition'. Inoltre, s'interessa di ricerca interiore (autoricerca), promuovendo una visione multidimensionale dell'evoluzione umana. Ha scritto saggi, testi di divulgazione scientifica, racconti per ragazzi, e ha pubblicato numerosi articoli specialistici in riviste di livello internazionale. Attualmente dirige il *Laboratorio di Autoricerca di Base* (LAB), in Svizzera, ed è l'editore della rivista *AutoRicerca*. È altresì ricercatore presso il *Center Leo Apostel for Interdisciplinary Studies* (CLEA) della *Vrije Universiteit Brussel* (VUB) in Belgio. Per maggiori informazioni, si rimanda al sito personale dell'autore: *www.massimilianosassolidebianchi.ch*.

autoricerca.com

EFFETTO OSSERVATORE

Massimiliano Sassoli de Bianchi

PREMESSA

Questo testo offre una visione disincantata del "misterioso" *effetto osservatore* della meccanica quantistica, di cui oggi si sente così tanto parlare, spesso in ambiti che con la fisica poco o nulla hanno a che fare. Contiene la trascrizione – rivista e ampliata – di una conferenza pubblica che l'autore ha tenuto nella città di Lugano, nel marzo del 2012.

Il testo si rivolge sia ai lettori profani in campo scientifico – ma nondimeno curiosi e disposti a mettersi intellettualmente in gioco – sia ai cosiddetti "addetti ai lavori", che troveranno nelle tesi qui esposte una prospettiva d'avanguardia circa il delicato tema dell'osservazione in fisica quantistica, che mi auguro saprà stimolare ulteriori approfondimenti, ad esempio tramite la lettura dei lavori più recenti della scuola di *Ginevra-Brussel* sui fondamenti delle teorie fisiche, da cui questo scritto trae ispirazione (vedi la bibliografia).

Tra i lettori non esperti, alcuni potrebbero aver sentito parlare dell'effetto osservatore da autori dal marcato orientamento verso le filosofie orientali, o di stampo New-Age. In questi ambiti, viene spesso propagandata – in modo purtroppo del tutto acritico – l'idea che l'effetto osservatore quantistico costituirebbe la "prova scientifica" che la mente umana sia in grado di agire direttamente sulla materia. A parte che la scienza non si occupa di prove, ma semmai di spiegazioni e di "caccie agli errori", e a prescindere dal fatto che tale interazione mente-materia sia possibile o meno, è importante comprendere che l'effetto osservatore descritto dalla fisica quantistica non ha nulla a che fare con un effetto *psicofisico*, quanto piuttosto con un *processo di creazione* del tutto fisico, insito in alcune delle nostre modalità *non ordinarie* di osservazione della realtà.

Pertanto, questo libricino può anche essere considerato come il simbolo di un dialogo più maturo tra scienza e spiritualità, affinché entrambi questi campi di indagine possano cogliere le differenze dei rispettivi percorsi conoscitivi, senza inutili riduzionismi e dannose semplificazioni; solo tramite una corretta percezione di tali differenze, infatti, un dialogo autentico e una possibile collaborazione saranno possibili.

RIASSUNTO

Se la *meccanica quantistica* è una teoria completa, allora, secondo la sua interpretazione ortodossa, nessun fenomeno sarebbe tale se non viene prima osservato, e la realtà non potrebbe esistere in assenza di osservazione.

A questa paradossale conclusione, nota con il nome di *effetto osservatore*, o *problema della misura*, che ha dato vita a uno dei più articolati dibattiti intellettuali della storia della scienza, *Albert Einstein* ribatteva, a giusto titolo, che la Luna continua ad esistere indisturbata anche quando nessuno la guarda!

Ma in che misura possiamo affermare che le nostre osservazioni sono in grado di creare la nostra realtà? Ed è proprio vero che la meccanica quantistica sarebbe giunta alle stesse conclusioni di alcune filosofie mistico-religiose, che affermano che l'universo sarebbe un prodotto della coscienza?

Scopo di questo libricino è quello di introdurre il lettore, specialista o non specialista, alle ragioni della spinosa questione dell'effetto osservatore, onde chiarire la vera natura del processo osservativo in meccanica quantistica.

Faremo questo demistificando l'intera faccenda sulla base di un approccio realistico detto *a misure nascoste*, proposto negli anni ottanta del secolo scorso dal fisico belga *Diederik Aerts*. Più precisamente, attraverso l'analisi di un sistema fisico del tutto ordinario – un semplice elastico! – mostreremo come una corretta comprensione dell'origine delle *probabilità quantistiche* non consenta in alcun modo di concludere circa un ipotetico effetto *psicofisico*, inerente al processo osservativo quantistico.

Questo ci porterà a considerare il *vero mistero* della meccanica quantistica, che non è la comprensione del ruolo della coscienza osservatrice, quanto della natura genuinamente *non-spaziale* delle entità microscopiche, il cui comportamento sembra essere molto più simile a quello dei *concetti astratti umani* che agli oggetti concreti della nostra realtà quotidiana.

1. INTRODUZIONE

Scopo di questo mio breve scritto è l'esplorazione non tecnica, sebbene concettualmente accurata, di alcuni aspetti dell'importante tema dell'*osservazione* in *meccanica quantistica*. In particolar modo, cercheremo di fare luce su una questione chiave, ancora piuttosto controversa, che è quella della natura stessa del *processo osservativo*. Lo faremo rispondendo alla seguente domanda:

> L'osservazione di un sistema fisico è sempre riconducibile a un processo di *scoperta* di una realtà che già esisteva, prima ancora che l'osservazione fosse compiuta, oppure, in talune circostanze, può essere ricondotta a un atto di pura *creazione* (o distruzione), cioè a un processo tramite il quale ciò che è osservato viene letteralmente *posto in essere* (o annichilito) dal processo osservativo in quanto tale? E in tal caso, cosa sarebbe all'origine di tale processo creativo (distruttivo)?

Si tratta ovviamente di una domanda fondamentale, sia per la ricerca nel campo della fisica, sia per quanto attiene a una comprensione più ampia del rapporto esistente tra la coscienza umana e la realtà che è oggetto della sua esperienza. Qual è esattamente il nostro ruolo in qualità di *osservatori-partecipatori* della realtà in cui ci troviamo immersi? Siamo semplici *scopritori* di tale realtà oppure, a nostra insaputa, ne siamo anche i *co-creatori*?

Dal punto di vista della fisica, questo genere di domande è emerso al nascere di una delle maggiori rivoluzioni scientifiche dei nostri tempi: la *meccanica quantistica* (oggi più generalmente definita *fisica quantistica*). È infatti in questo ambito che nei primi decenni del secolo scorso un'indagine più accurata e raffinata del ruolo centrale del soggetto osservatore, nella caratterizzazione delle proprietà di un sistema fisico, si è resa necessaria, a dire il vero in modo del tutto inaspettato.

Infatti, i padri fondatori della fisica quantistica si resero conto, nel corso dell'edificazione di questa sconcertante teoria, che la realtà dei sistemi fisici sembrava dipendere dal modo in cui gli sperimentatori operavano su di essi, nel senso che non era più possibile attribuire determinate proprietà a un sistema fisico, indipendentemente dagli atti osservativi che era possibile eseguire su di esso. Da questa situazione, apparentemente nuova, emerse una questione di natura squisitamente metafisica, circa la natura della realtà in cui viviamo, e più esattamente circa la fondatezza dell'ipotesi del *realismo*, che fino a quel momento era stata ampiamente condivisa dalla maggioranza dei fisici e filosofi della scienza.

Grosso modo, possiamo definire la concezione del realismo come l'ipotesi che "esista una realtà là fuori", la cui esistenza sarebbe del tutto *indipendente* dai soggetti osservatori, e che tale realtà, proprio perché autonomamente esistente, sarebbe conoscibile e descrivibile in modo *oggettivo*, ad esempio tramite la costruzione di appropriate teorie (spiegazioni) scientifiche. Per dirla in termini più suggestivi, secondo la visione realista sarebbe sempre possibile, se non altro in linea di principio, *parlare della realtà indipendentemente dalla mente del soggetto osservatore che la studia e la contempla*.

Prima dell'avvento della fisica quantistica, l'ipotesi del realismo, se non altro in fisica, s'imponeva da sé, e questo per una ragione molto semplice: il soggetto osservatore non appariva a nessun livello nelle teorie fisiche. In altre parole, tutto ciò che si sapeva a proposito dei sistemi fisici e della loro evoluzione poteva essere descritto indipendentemente dall'esistenza dei soggetti che li studiavano: che i sistemi venissero o meno osservati, questo non modificava in nessun modo le loro proprietà e il modo in cui queste proprietà si evolvevano nel tempo.

Figura 1. *La Luna percorre la sua orbita attorno alla Terra, incurante dell'attività umana sulla superficie del pianeta.*

Le caratteristiche dell'orbita che la Luna descrive attorno alla terra, ad esempio, rimangono tali a prescindere dal fatto che gli astronomi terrestri puntino su di essa i loro telescopi per osservarla. Ed è per questo che *Giovanni Keplero*, nelle sue famose leggi che descrivono i moti dei pianeti, non ha fatto alcuna menzione di una possibile influenza su tali moti dell'attività degli astronomi: i pianeti percorrono il freddo e silenzioso spazio siderale del tutto incuranti della brulicante attività umana sulla superficie del pianeta terra!

Ma con l'avvento della fisica quantistica, tutto questo di colpo cambiò. Infatti, nella descrizione dei sistemi *microscopici* i fisici si resero conto che non era più possibile descrivere tali enti senza menzionare nelle loro teorie il processo stesso di osservazione, vale a dire gli effetti che un tale processo era in grado di produrre sul sistema osservato (in fisica si fa uso più che altro del termine di *misurazione*, non di osservazione, ma il senso è in ultima analisi esattamente lo stesso: misurare una grandezza fisica significa, infatti, *osservarne* in pratica il valore).

Questa strana "invasione di campo", che fece sì che lo scienziato indagatore si vide – come allo specchio – rappresentato nelle sue stesse teorie fisiche (non come autore, ma come elemento imprescindibile delle stesse), ha ovviamente messo in crisi l'ipotesi stessa del realismo, sulla quale si fondava l'intero edificio dell'indagine scientifica, volta alla ricerca di una visione oggettiva della realtà.

Infatti, senza la possibilità si separare lo scienziato, nel suo ruolo di soggetto indagatore e osservatore, dall'oggetto della sua indagine e osservazione, come si poteva continuare a dare un senso proprio al concetto stesso di realtà? Com'era possibile parlare di realtà se quest'ultima non poteva essere descritta indipendentemente dall'attività pensante di chi la studiava?

Come cercherò di spiegare in questo libricino, per quanto la fisica quantistica ci abbia rivelato aspetti davvero strani e inaspettati circa la natura profonda degli enti fisici, soprattutto a livello microscopico, e per quanto, indubbiamente, ci abbia mostrato che non sia possibile in generale descrivere un sistema fisico a prescindere dal ruolo attivo che svolge l'osservatore in tale descrizione, non per questo dobbiamo rinunciare alla concezione del realismo, ossia alla concezione di una realtà indipendente dall'attività mentale cosciente dell'osservatore.

Per fare questo è però necessario abbandonare quella forma di realismo naïf, di stampo *classico*, che si fonda sul *pregiudizio* che le entità fisiche che popolano la realtà dovrebbero necessariamente possedere, sempre in atto, tutte le proprietà che possibilmente le caratterizzano. Ossia, che il risultato di un qualsivoglia processo di osservazione debba per forza di cose essere sempre, in linea di principio, predeterminabile e predeterminato.

Come avremo modo di evidenziare, questa forma di realismo ingenuo necessita di essere riformato in una concezione realista più articolata e matura, che vede nel binomio *scoperta-creazione* la chiave di una corretta comprensione del ruolo dell'osservatore.

Ma per fare questo, e alfine di rendere questo testo

accessibile anche ai lettori non specialisti, sarà mia cura spiegare innanzitutto cosa sia accaduto nella storia più recente della giovane scienza occidentale, che ha fatto sì che l'osservatore si sia intrufolato nella struttura stessa delle teorie fisiche, e che a nulla siano valsi gli sforzi dei fisici per tentare di "rimetterlo al proprio posto".

2. DUE RIVOLUZIONI

All'inizio del secolo scorso, la fisica sembrava aver raggiunto un grado di completezza del tutto invidiabile. L'universo appariva agli scienziati come un gigantesco meccanismo posizionato entro l'immutabile teatro dello *spazio tridimensionale*.

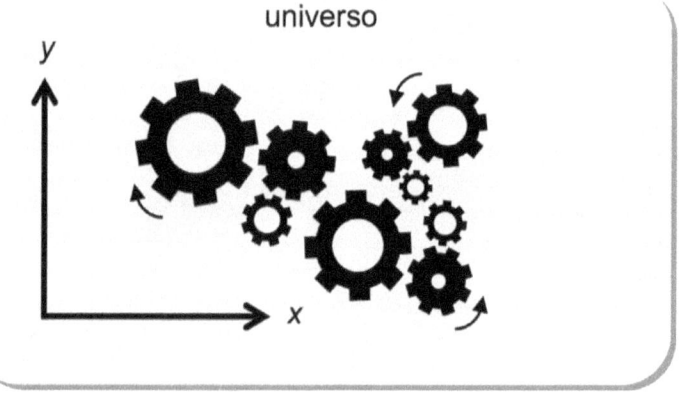

Figura 2. *Rappresentazione simbolica (qui bidimensionale) dello spazio fisico tridimensionale, con al suo interno il grande "meccanismo" della realtà fisica.*

Si trattava di un meccanismo certamente molto complicato, ma di cui si pensava conoscere ormai tutti gli ingranaggi più importanti. Le famose leggi di *Isaac Newton* sembravano in grado di spiegare tutte le proprietà conosciute dei diversi corpi materiali, siano essi di natura macroscopica, come i corpi solidi, fluidi e gassosi, o di natura microscopica, come le molecole e gli atomi, della cui esistenza sia era a questo punto del tutto certi.

Analizzando ad esempio il comportamento collettivo dei costituenti atomici, grazie ai metodi statistici inventati da *Ludwig Boltzmann*, si potevano facilmente dedurre le proprietà dei sistemi macroscopici, e le loro diverse trasformazioni, deducendole a partire dalle proprietà delle loro parti costituenti, avvalorando così l'antica ipotesi *riduzionista*, secondo la quale il tutto è sempre uguale alla somma delle parti, nel senso che le parti permettono sempre di spiegare e dedurre in modo completo il comportamento e le proprietà del tutto.

Si conoscevano inoltre le leggi che governavano i fenomeni elettromagnetici, descritti dalla teoria di *James Maxwell*, che prevedeva con esattezza non solo l'esistenza dei campi elettromagnetici emessi dalle cariche in movimento (così come i campi gravitazionali erano invece emessi dai corpi di massa non nulla), ma anche delle onde elettromagnetiche, di cui la luce era un caso particolare, in grado di propagarsi come vibrazioni di una strana sostanza immensamente sottile e rigida, denominata *etere*, che si supponeva pervadesse l'intero spazio tridimensionale.

Insomma, per farla breve, non senza una certa convinzione, si riteneva che non vi fossero più grandi misteri da elucidare per quanto atteneva alla realtà fisica, fondamento di ogni altra realtà, ma che si trattava solo di perfezionare le diverse descrizioni e spiegazioni, sulla base di leggi che erano ormai già state identificate.

Invece, nel giro di pochi anni, l'intero edificio esplicativo della fisica classica venne messo profondamente in crisi, e dovette affrontare due grandi rivoluzioni: quella della *relatività*, che emerse essenzialmente dai lavori di *Albert Einstein* e *Henri Poincaré*, e quella della *meccanica quantistica*, per opera sempre di Einstein e di numerosi altri scienziati, come *Max Planck, Niels Bohr, Werner Heisenberg, Erwin Schrödinger, Wolfgang Pauli, Paul Dirac, John von Neumann*, e molti altri ancora.

In questo libricino non ci occuperemo del mutamento specifico promosso dalle teorie relativistiche. Va comunque detto che la scoperta della *relatività* – prima ristretta, poi generale – non ha scombussolato le convinzioni dei fisici del primo novecento tanto quanto la scoperta delle leggi quantomeccaniche. Infatti, il cosiddetto *principio di relatività*, su cui si fonda l'intera teoria Einsteiniana, non è stato certo scoperto dal famoso scienziato tedesco, essendo tale principio tanto vecchio quanto la fisica: lo aveva infatti già evidenziato Galileo (sebbene non lo chiamasse così) e descritto nel suo mirabile *Dialogo sopra i due massimi sistemi del mondo*, pubblicato nel 1632.

Questo principio afferma che per quanto esistano dei punti di vista sulla realtà che ovviamente offrono sui fenomeni delle prospettive differenti, nondimeno vi è una particolare classe di punti di vista (il fisico parla più propriamente di *referenziali*) che possono essere considerati tra loro *equivalenti*. Si tratta dei punti di vista dei cosiddetti *osservatori inerziali*, cioè di quegli osservatori che si muovono nello spazio tridimensionale a velocità uniforme (costante) gli uni rispetto agli altri.

Questi punti di vista sono tra loro equivalenti nel senso che i diversi osservatori inerziali sperimentano esattamente le stesse leggi fisiche, e per quanto ovviamente non misurino le stesse grandezze fisiche (le velocità dei corpi ad esempio, come è noto, variano a seconda della velocità relativa degli osservatori; vedi la Figura 3), esistono nondimeno delle semplici trasformazioni – dette *trasformazioni di Galileo* – che permettono di collegare tra loro i dati dei diversi osservatori inerziali, come farebbe un traduttore universale.

Quello che fece Einstein fu semplicemente di sfruttare fino in fondo il principio di relatività già individuato da Galileo, scoprendo che le trasformazioni di Galileo erano valide unicamente quando le velocità in gioco erano piccole rispetto a una *velocità limite*, che si suppone corrisponda alla velocità della luce nel vuoto. In altre parole, le trasformazioni di Galileo erano solo l'approssimazione di trasformazioni più generali, dette *trasformazioni di Lorentz*, e quindi, *strictu sensu*, Einstein non inventò la relatività, ma la riformò.[1]

---

[1] Lévy-Leblond, J.-M. *De la matière: relativiste, quantique, interactive.* Seuil (2004).

Figura 3. *Una stessa entità (un gatto) è immobile rispetto all'osservatore di sinistra (cioè rispetto al referenziale associato al suo corpo), mentre si muove rispetto all'osservatore di destra. In altre parole, le velocità osservate non sono assolute, bensì relative al punto di vista specifico di ogni osservatore.*

Secondo queste trasformazioni più generali, si evinceva che vi erano delle grandezze fisiche, prima ritenute *invarianti* per i diversi osservatori inerziali, che di fatto non lo erano. Fintanto che le velocità in gioco erano piccole rispetto alla velocità limite, la lunghezza degli oggetti, la loro inerzia, la simultaneità di due eventi, la frequenza del ticchettio di un orologio, ecc., erano tutte grandezze che ogni osservatore inerziale misurava (cioè osservava) con valori apparentemente identici. Ma non appena le velocità in gioco non erano più insignificanti rispetto alla velocità limite, ecco che anche queste grandezze potevano variare secondo i diversi punti di vista degli osservatori inerziali.

Insomma, per farla breve, la relatività Einsteiniana aveva messo in evidenza degli strani *effetti di parallasse generalizzati*, che facevano intervenire grandezze fisiche precedentemente ritenute intrinseche agli oggetti osservati. Si metteva così in evidenza che le *differenze prospettiche* tra i diversi osservatori della realtà erano di fatto molto più estese di quello che si era pensato fino a quel momento.

Ora, sebbene le scoperte relativistiche avessero mutato profondamente la nostra maniera di comprendere i concetti di spazio, tempo, velocità, energia, ecc., nondimeno tali scoperte non minavano in nessun modo l'ipotesi del realismo. Infatti, già prima della relatività di Einstein era chiaro che ogni descrizione del reale fosse relativa al punto di vista adottato: con Einstein, semplicemente, il campo di applicazione di questa relativizzazione si ampliava, includendo ulteriori grandezze.

D'altra parte, nulla nelle teorie relativistiche ha mai precluso che un singolo soggetto osservatore, dalla sua specifica prospettiva, potesse descrivere in modo completo la realtà, e che questo suo specifico punto di vista fosse traducibile in quello di ogni altro possibile osservatore inerziale dell'universo. In sostanza, per quanto vi fosse una relatività dei diversi punti di vista (poi ulteriormente ampliata nella teoria della *relatività generale*), dacché questi erano traducibili gli uni negli altri mediante il traduttore universale delle trasformazioni di Lorentz (che generalizzavano quelle di Galileo), era sempre possibile affermare che esistesse di fatto (secondo la relatività) un'unica (sebbene molteplice) descrizione del reale, che non dipendeva in senso stretto dagli osservatori che la contemplavano.

Lo stesso però non si poteva dire della rivoluzione quantistica, che mutò in modo molto più profondo e radicale il nostro modo di comprendere la natura delle diverse entità dell'universo materiale. Se la relatività ha certamente modificato le caratteristiche del teatro spaziale (e temporale) in cui ha luogo la grande rappresentazione della realtà fisica, e ampliato la gamma dei costumi a disposizione dei diversi attori, la fisica quantistica ha invece radicalmente mutato la natura stessa degli attori, e indicato l'esistenza di scenografie che non potevano più essere contenute entro gli angusti confini dello spazio tridimensionale ordinario. Ed è proprio per questo profondo e sconcertante mutamento operato dalla fisica quantistica che Richard Feynman una volta affermò:[2]

> *C'era un tempo in cui i giornali dicevano che solo dodici uomini al mondo capivano la Teoria della Relatività. Non credo che ci sia mai stato un simile momento. Può darsi che ci sia stato un momento in cui solo un uomo capiva la teoria, perché era il solo che l'aveva intuita prima che scrivesse il suo lavoro scientifico. Ma dopo che la gente ha letto il suo lavoro molti, certamente più di dodici, capirono la Teoria della Relatività in un modo o nell'altro. D'altra parte, io mi sento di poter affermare con sicurezza che nessuno ha mai capito la Meccanica Quantistica.*

Noi invece cercheremo di smentire (almeno in parte) l'ammonizione di Feynman, e provare a capire realmente qualcosa a proposito di questa strana e misteriosa teoria. Ma cos'è accaduto dunque agli inizi del secolo scorso, che ha fatto sì che la grande rivoluzione quantistica ebbe luogo? È molto semplice: i fisici, del tutto inaspettatamente, si trovarono confrontati con alcuni dati sperimentali che le loro mirabili teorie classiche erano incapaci di spiegare e prevedere. Non è importante entrare qui nel merito di questi fenomeni: fra questi, solo per citare i più importanti, possiamo ricordare la radiazione elettromagnetica emessa dai corpi in funzione della loro temperatura (e più esattamente, da quei corpi ideali detti *corpi neri*), l'*effetto fotoelettrico*, e le linee colorate brillanti emesse da certi gas ionizzati (*spettri di emissione*).

Questi fenomeni falsificavano (cioè inficiavano) di fatto la validità delle teorie classiche disponibili. Era quindi necessario aggiustarle, o identificare nuove teorie da fondare su basi fisiche ancora da individuare. Un certo numero di scienziati, tra cui Planck, Einstein, Bohr, Pauli, Heisenberg, Schrödinger e Dirac, solo per menzionare i più importanti, con tempi e modalità differenti si misero all'opera, alfine di trovare un modo per rendere conto dei nuovi imbarazzanti dati

---

[2] Feynman, R. P. *The character of physical law*. London: Penguin Books (1992).

sperimentali, che sfidavano le leggi fisiche allora conosciute.

Semplificando (e un po' caricaturando) la discussione, possiamo dire che si cercò inizialmente di individuare un *modello matematico* in grado di predire i dati osservati in laboratorio. Ossia, in un certo senso, prima ancora di *capire* si cercò di *predire*, cioè di individuare apposite relazioni matematiche in grado di riprodurre i valori delle grandezze fisiche osservabili (cioè misurabili) in laboratorio.

Oltre ogni aspettativa, questo tentativo di pura modellizzazione matematica ebbe un enorme successo. Si trovarono inizialmente due modelli tra loro molto differenti: uno di natura *algebrica*, a base di *matrici*,[3] per opera di Heisenberg, e un altro a base di *equazioni differenziali*,[4] per opera di Schrödinger. In seguito, *Dirac* e *von Neumann* mostrarono che questi due modelli matematici erano diversi solo in apparenza, poiché entrambi descrivibili entro una teoria astratta assai più generale, che si avvaleva di un tipo di matematica ancora più sofisticata, a base di *spazi vettoriali*[5] di dimensione infinita (i cosiddetti spazi di *Hilbert*) e di *operatori lineari autoaggiunti*[6] che agivano su tali spazi.

Per farla breve, in poco tempo fu possibile definire un modello matematico astratto estremamente preciso e performante, in grado di predire pressoché tutti i nuovi dati sperimentali, con una precisione a dire il vero mai raggiunta prima nel campo della fisica. Ci fu però un problema: contrariamente a quanto era sempre avvenuto nella costruzione delle teorie fisiche,

---

[3] Una matrice è una tabella ordinata di elementi numerici.

[4] Un'equazione differenziale è una relazione matematica che lega una funzione alle sue derivate.

[5] Uno spazio vettoriale è una struttura matematica che generalizza quella dell'insieme dei vettori dello spazio tridimensionale (o del piano bidimensionale), dotati delle operazioni di somma vettoriale e di moltiplicazione per dei numeri reali. Negli spazi di Hilbert della meccanica quantistica, la moltiplicazione per dei numeri reali viene rimpiazzata da una moltiplicazione per dei numeri complessi. In altre parole, uno spazio di Hilbert è uno spazio vettoriale (possibilmente di dimensione infinita) sul campo dei numeri complessi.

[6] Un operatore è detto *autoaggiunto* quando possiede una specifica simmetria.

anziché identificare prima quali fossero i concetti e le grandezze fisiche rilevanti, definendoli e chiarendoli su una solida base operazionale, e solo in seguito costruire un adeguato modello matematico, questa volta la procedura fu rovesciata: la costruzione del modello matematico formale precedette il lavoro di chiarificazione sul piano dei concetti fisici.

La conseguenza di tutto questo è che i fisici si trovarono in mano uno strumento predittivo di notevole potenza e precisione, che però non riuscirono più a capire completamente, nel senso che non era più chiaro quale fosse la corrispondenza tra gli enti descritti nella teoria matematica e quelli presenti nella realtà fisica. In altre parole, la formulazione di ciò che assunse il nome di *meccanica quantistica* (oggi più comunemente detta *fisica quantistica*), pose sin dal principio un serio problema di tipo *interpretativo*, tanto che a ottant'anni dalla completa formulazione della teoria questo problema non è stato ancora risolto, nel senso che esistono a tutt'oggi una moltitudine di diverse interpretazioni e formulazioni che pur accordandosi sulle predizioni sperimentali, spiegano il contenuto fisico della teoria in modo del tutto differente.

Ovviamente, sono molteplici gli aspetti interpretativi controversi inerenti alla meccanica quantistica, e non è certo possibile, nell'ambito di questo breve scritto, evocarli tutti. Tra l'altro, non esiste nemmeno un'opinione unanime su quali siano tutte le difficoltà concettuali che porrebbe questa teoria. Ma come si può evincere dal titolo di questo libricino, ci concentreremo in questa sede su una in particolare di queste difficoltà – non certo la minore! – che è quella del ruolo specifico dell'osservatore nel processo di scoperta e creazione della realtà fisica.

Per fare questo, sarà prima necessario comprendere la differenza sostanziale tra una *probabilità classica* e una *probabilità quantistica*.

3. Probabilità quantistiche

Come dicevamo, una delle grandi sfide concettuali poste dalla fisica quantistica era quella di riuscire a interpretare correttamente il contenuto fisico della teoria matematica a cui essa faceva riferimento. Particolarmente delicata era, ed ancora oggi è, la questione di comprendere la vera natura delle *probabilità* che intervengono nella teoria. Infatti, contrariamente alla fisica classica, nella fisica quantistica il concetto di probabilità sembra farla da padrone, non solo per la sua onnipresenza, ma anche per il significato del tutto nuovo che esso assume.

Naturalmente, anche nello sviluppo delle teorie classiche i fisici avevano avuto modo di acquisire dimestichezza con il concetto fondamentale di probabilità. Per esempio, nella cosiddetta *meccanica statistica*, le probabilità venivano usate per dedurre i valori delle grandezze fisiche degli enti macroscopici, come un gas, a partire dalle proprietà dei loro costituenti atomici, dal momento che i dettagli del comportamento individuale di questi ultimi non erano in pratica conoscibili.

Ad esempio, non era necessario conoscere l'energia di ogni singola molecola di un gas ideale per dedurne la *temperatura*. Era infatti possibile dimostrare che la temperatura del gas dipendeva unicamente dal *valore medio* dell'energia cinetica molecolare, e per calcolare un valore medio non era necessario disporre di una conoscenza esatta del sistema, ma unicamente di una conoscenza *statistica*.

In altre parole, le probabilità sono sempre state lo strumento usato dai fisici per quantificare in modo ottimale la loro *mancanza di conoscenza* circa le proprietà specifiche di un sistema. La cosa fondamentale da comprendere è che le probabilità, intese qui nel senso classico del termine, si riferiscono sempre a delle proprietà *già presenti* nel sistema (cioè *già esistenti*). Ovverossia, le *probabilità classiche* quantificano unicamente il nostro grado di ignoranza circa quegli *elementi di realtà* che in linea di principio potrebbero essere conosciuti in modo completo.

Essendo la comprensione di questo aspetto del tutto fondamentale, ci avvalleremo di un esempio molto semplice, per renderlo il più esplicito e chiaro possibile. A tal fine, consideriamo una scatola contenente *100 fascette elastiche uniformi* (che in seguito denomineremo semplicemente "elastici") di due diversi *colori – nero*[7] e *bianco* – ben mescolate tra loro (vedi la Figura 4).

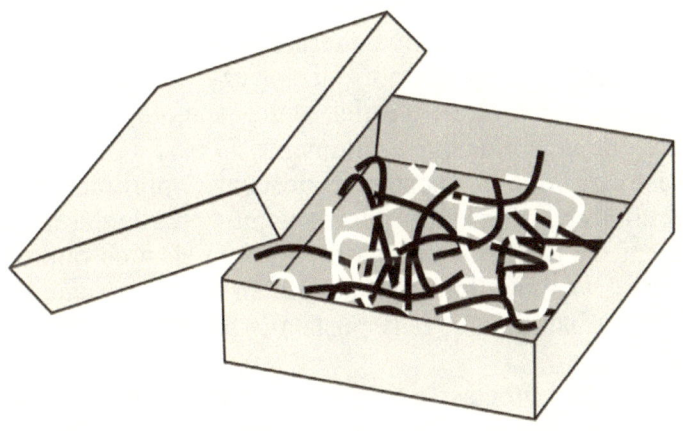

Figura 4. *Una scatola contenete 100 elastici assortiti (uniformi), bianchi e neri, dalla quale, senza guardare, viene estratto un unico elastico.*

Senza guardare, ad occhi chiusi, inseriamo una mano nella scatola ed estraiamo uno degli elastici. Poiché non abbiamo guardato, e non stiamo ancora guardando l'elastico estratto, ovviamente non siamo in grado di stabilire quale sia il suo colore: se nero o bianco. Teniamo l'entità-elastico nella nostra

---

[7] Sebbene il *nero* corrisponda di fatto a un'assenza di colore, per semplicità lo considereremo, al pari del *bianco* (che è un colore ad alta luminosità, ma senza tinta), come se fosse un colore.

mano, ma non ne conosciamo la proprietà cromatica. Per dirla in termini più eruditi, siamo in una tipica situazione di *mancanza di conoscenza* circa lo *stato* (cromatico) dell'elastico estratto.

Per rendere la cosa ancora più specifica, supponiamo di porci la seguente domanda:

| *L'elastico estratto è di colore nero?*

A questa domanda, ovviamente, solo due risposte sono possibili: *sì*, oppure *no*. È altresì ovvio, considerando la nostra condizione di mancanza di conoscenza, che fintanto che non osserviamo direttamente l'elastico, non saremo in grado di determinare quale di queste due alternative sia quella corretta.

D'altra parte, supponiamo di aver contato, prima dell'estrazione, i diversi elastici nella scatola e di aver riscontrato che ne conteneva esattamente *50 neri* e *50 bianchi*. Sulla base di questa nostra conoscenza preliminare, e supponendo che nessun meccanismo particolare nel procedimento di estrazione abbia favorito un elastico piuttosto che un altro, siamo allora certamente in grado di calcolare quale sia la probabilità che la risposta alla precedente domanda sia un "sì".

Infatti, essendoci *50* elastici neri su una totalità di *100* elastici nella scatola, tale probabilità è esattamente del *50%*. Che cosa significa questo? Semplicemente che se ripetessimo per un gran numero di volte l'estrazione (riponendo ogni volta l'elastico estratto nella scatola), in media nel *50%* dei casi si verificherebbe l'estrazione di un elastico nero (e nel restante *50%* dei casi l'estrazione di un elastico bianco).

Torniamo ora alla nostra singola estrazione. Abbiamo ancora l'elastico in mano (che non abbiamo ancora guardato) e ci siamo chiesti se il suo colore sia quello nero. Tutto ciò che siamo in grado di dire è che la *probabilità* che lo sia è del *50%*. A questo punto, possiamo concludere l'esperimento e semplicemente guardare, cioè *osservare*, il colore dell'elastico nella nostra mano. Supponiamo di scoprire che si tratti proprio di un elastico di colore nero.

Figura 5. *L'osservazione dell'elastico nella nostra mano ci rivela che il suo colore è nero.*

Questo significa che subito dopo l'osservazione la probabilità dell'elastico di essere nero passerà di colpo dal *50%* al *100%*. Quello che è cambiato però, in questo processo osservativo, è solamente il grado di conoscenza dell'osservatore, relativamente alla proprietà cromatica dell'elastico. In altre parole, nel processo di *acquisizione di conoscenza* da parte dell'osservatore non è accaduto assolutamente nulla di particolare all'elastico: il suo colore era nero prima che l'osservatore lo guardasse, ed è rimasto nero dopo che l'ha guardato.

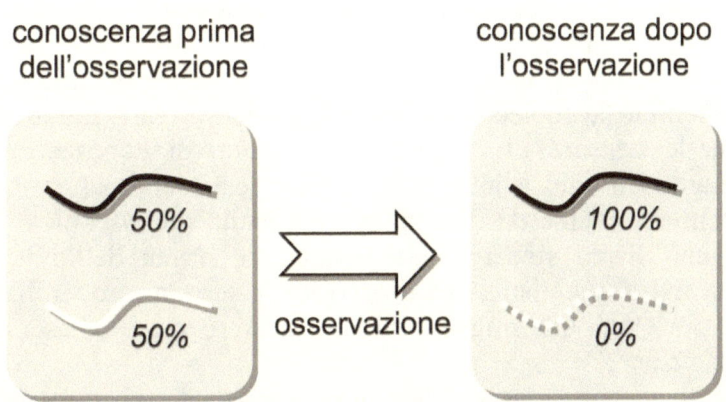

Figura 6. *In seguito all'osservazione, la conoscenza dell'osservatore circa le proprietà cromatiche dell'elastico estratto muta radicalmente e istantaneamente.*

Questa affermazione è talmente evidente che il semplice fatto di sottolinearla conferisce alla presente discussione una sorta di strana trivialità. Dobbiamo però passare per questa trivialità se vogliamo veramente capire che cosa vi sia in gioco quando in fisica quantistica si parla di *effetto osservatore* (o di *problema della misura*), cui vengono attribuite specifiche interpretazioni metafisiche.

Ricapitolando, quello che abbiamo sin qui evidenziato è a cosa corrisponda una probabilità nel senso classico[8] del termine, e come una probabilità classica non faccia altro che quantificare il nostro grado di ignoranza circa una proprietà (nel nostro esempio, la proprietà di colore) già *attuale*, cioè già esistente nel sistema considerato, compatibilmente con l'ipotesi del realismo classico.

Che cosa è cambiato dunque, rispetto a questo quadro esplicativo, con l'avvento della meccanica quantistica? Che cos'avrebbero di così diverso le *probabilità quantistiche* rispetto alle probabilità classiche? Ebbene, innanzitutto nella teoria quantistica il concetto di probabilità diviene centrale, nel senso che la maggioranza dei risultati sperimentali relativi agli enti microscopici sono predicibili unicamente in termini probabilistici.

Questo è un cambiamento notevole, poiché nella meccanica classica le probabilità si applicavano essenzialmente a dei sistemi composti da un grande numero di componenti, come ad esempio le molecole di un gas. In questo caso è del tutto naturale pensare di non essere in grado di conoscere nel dettaglio, in ogni istante, tutte le proprietà (come ad esempio posizione e velocità) di ogni singola entità microscopica. Ma nessuno fisico si sarebbe mai sognato, prima dell'avvento della fisica quantistica, di descrivere in termini probabilistici le proprietà di una singola entità elementare, come ad esempio un elettrone.

Infatti, come è noto, se a un dato istante si conosce la

---

[8] In linguaggio tecnico, le *probabilità classiche* vengono a volte denominate *probabilità Kolmogoroviane*, in quanto obbediscono a tre specifici assiomi matematici che furono identificati dal matematico russo *Andrej Kolmogorov*, negli anni trenta del secolo scorso.

posizione e la velocità di un singolo corpo materiale, allora risolvendo le *equazioni del moto* (che si deducono dalle famose *leggi di Newton*) è sempre possibile predire *con certezza* (cioè con una probabilità del *100%*) ogni successiva posizione (e velocità) del corpo. Ma con la meccanica quantistica questo non era più possibile. Infatti, pur conoscendo perfettamente lo *stato* di un elettrone (o di ogni altra entità microscopica) a un dato istante (cioè tutte le proprietà possedute in atto dall'elettrone in quell'istante), non era più possibile determinare con certezza la traiettoria che questo avrebbe percorso nello spazio tridimensionale, cioè le diverse posizioni che avrebbe assunto nel tempo, ma unicamente calcolare le probabilità con cui questo, se osservato, sarebbe stato rilevato in una determinata regione, in un determinato istante.

La reazione iniziale dei fisici, in particolar modo di Einstein, fu di ritenere che la teoria quantistica non potesse essere una teoria completa. Infatti, se il meglio che si poteva fare era di predire i diversi risultati delle osservazioni sperimentali in termini probabilistici (salvo alcune eccezioni), questo poteva solo voler dire che mancavano ancora delle informazioni importanti circa le proprietà che di fatto erano possedute dalle entità microscopiche. Si pensava insomma che vi fossero delle *variabili nascoste*, ancora sconosciute, che era necessario individuare onde determinare in modo completo lo stato dei costituenti microscopici, e potere così predire i risultati sperimentali non più in termini probabilistici, ma con assoluta certezza.

Molti fisici teorici andarono così a caccia di queste fatidiche *variabili* (o proprietà) *nascoste*, che avrebbero permesso di fare a meno della descrizione probabilistica e di stabilire su quale *mancanza di conoscenza* si fondava il calcolo probabilistico della meccanica quantistica. La caccia però non ebbe buon esito. Non solo non si riuscì a scoprire queste misteriose variabili nascoste, ma addirittura alcuni teorici cominciarono a dimostrare alcuni scomodi teoremi, che indicavano l'impossibilità stessa di tali teorie (dette per l'appunto *teorie a variabili nascoste*), come ad esempio i famosi teoremi di *Gleason* e *Kochen-Specker.*[9]

Di fronte a queste difficoltà, furono assunte essenzialmente due posizioni (naturalmente, stiamo ancora una volta semplificando all'estremo). Buona parte dei fisici, semplicemente, si disinteressarono del problema. In fin dei conti, la teoria permetteva di calcolare e predire tutto ciò di cui c'era bisogno, sebbene il più delle volte solo in termini probabilistici, e quindi discutere del realismo o dell'anti-realismo sotteso dal suo formalismo era un dibattito che poteva alla meglio interessare i filosofi. Questa posizione estrema, denominata *strumentalismo* in filosofia della scienza, è stata sintetizzata con grande efficacia dal fisico *David Mermin*, nella sua celebre ingiunzione:[10]

| *Taci e calcola!*

Il restante dei fisici invece, decretarono semplicemente che la natura delle probabilità quantistiche doveva essere differente, nel senso che a differenza delle probabilità classiche, la cui origine era chiaramente *epistemica*, cioè relativa a una situazione di mancanza di conoscenza, quelle quantistiche erano invece di natura *ontica*, cioè si riferivano a un'inconoscibilità fondamentale e irriducibile, genuinamente presente a un livello fondamentale nella realtà fisica. Questa posizione è stata ben riassunta da *Aage Bohr*, il figlio del celebre *Niels*, che in tempi più recenti ha proposto di erigere tale assunto a vero e proprio principio della fisica, detto principio di *casualità autentica* (in inglese: *genuine fortuitousness*).[11]

In altre parole, secondo questa visione, le probabilità quantistiche non esprimerebbero, come quelle classiche, una

---

[9] Gleason, A. M. "Measures on the Closed Subspaces of a Hilbert Space." J. Math. Mech., 6, 885–893 (1957); Kochen, S. and Specker, E. P. "The problem of hidden variables in quantum mechanics." Journal of Mathematics and Mechanics 17, pp. 59–87 (1967).

[10] La versione originale inglese è: *Shut up and calculate!*

[11] Bohr, A., Mottelson, B.R. and Ulfbeck, O. "The Principle Underlying Quantum Mechanics." Found. Phys. 34, pp. 405–417 (2004).

mancanza di conoscenza da parte dell'osservatore circa le proprietà già possedute dai diversi sistemi fisici, quanto una sorta di misteriosa *tendenza* di tali sistemi nel *manifestare* le loro proprietà, *in modo a priori del tutto indeterminabile*, nel corso di uno specifico processo di osservazione.

Ma per quanto le due posizioni interpretative estreme dello "strumentalismo" e della "casualità autentica" vennero adottate dalla stragrande maggioranza dei fisici, sebbene il più delle volte inconsapevolmente, non tutti rinunciarono a cercare di capire che cosa si nascondesse *realmente* dietro le "famigerate" probabilità quantistiche.

4. IL RAGIONAMENTO DI VON NEUMANN

Per comprendere la natura della difficoltà interpretativa che le probabilità quantistiche inaspettatamente hanno posto, possiamo usare ancora una volta l'esempio dell'elastico. Immaginiamo di tenere in mano l'elastico senza avere ancora *preso conoscenza* della sua proprietà di colore. Conosciamo la probabilità che l'elastico sia nero, ma non sappiamo se lo sia veramente. D'altra parte, non abbiamo dubbi che indipendentemente dalla nostra conoscenza, lo stato di colore dell'elastico sia *perfettamente ben definito*.

Per descrivere questa situazione, solitamente si impiega il termine di *definitezza controfattuale*, con cui s'intende semplicemente che è possibile parlare in modo sensato anche di ciò che, di fatto, non stiamo osservando. Possiamo ad esempio parlare della posizione della Luna anche se in questo momento non la stiamo scrutando, e possiamo parlare del colore dell'elastico che abbiamo in mano anche se non abbiamo ancora di fatto guardato di quale colore si tratti. Se possiamo farlo è perché abbiamo ottime ragioni di ritenere che la posizione della Luna, e il colore dell'elastico, *siano proprietà perfettamente ben definite anche quando non le osserviamo*.

Quali sono queste ottime ragioni? Ebbene, considerando l'esempio dell'elastico, possiamo ad esempio affermare che se un nostro collega avesse osservato l'esperimento, questi avrebbe potuto comunicarci ciò che ha visto e noi, prima ancora di guardare l'elastico, avremmo potuto *predirne con certezza* il colore nero. Nell'esempio della Luna, possiamo semplicemente menzionare il fatto che ogni volta che abbiamo guardato in passato nella direzione prevista dal suo moto orbitale, immancabilmente l'abbiamo trovata lì, fedele all'appuntamento. In altre parole, siamo in grado di predire in anticipo e *con certezza*, se non altro in linea di principio, l'esito del nostro processo di osservazione, prima ancora di eseguirlo.

La cosa sconcertante è che questa ipotesi di definitezza controfattuale, perfettamente naturale e assolutamente intuitiva, su cui si fonda l'intera concezione del realismo classico, sembrava perdere validità quando si trattava di parlare delle proprietà dei sistemi microscopici, come gli atomi e le cosiddette "particelle" elementari (che vere e proprie *particelle*, nel senso di *corpuscoli*, a dire il vero non sono). Nel loro caso, infatti, non era più possibile parlare ad esempio di posizione, o di velocità, a prescindere da un'osservazione concreta.

Dire che un elettrone possedeva una determinata posizione, o velocità, aveva senso solo se tale posizione e velocità venivano di fatto osservate. In mancanza di ciò, si riteneva fosse unicamente lecito parlare della *tendenza* (*disponibilità*, *propensità*, ecc.) di tali proprietà nell'essere poste in esistenza, cioè attuate, nel corso di un'osservazione specifica; una tendenza che si poteva quantificare con precisione per mezzo delle probabilità quantistiche, la cui natura (apparentemente non epistemica) rimaneva però del tutto misteriosa.

Questa situazione senza precedenti poneva essenzialmente tre quesiti fondamentali, tra loro intimamente collegati:

> *(1)* Se è vero che le proprietà delle entità microscopiche, come ad esempio la loro localizzazione spaziale, esistono unicamente quando, nell'ambito di un esperimento, vengono osservate (cioè misurate), quale strano meccanismo sarebbe in grado di porle in esistenza, cioè di selezionare concretamente una sola tra le numerose possibilità cui la teoria associa le diverse probabilità?

> *(2)* Dal momento che (a causa dei già menzionati teoremi di impossibilità[12]) le probabilità quantistiche non possono

---

[12] Esistono approcci teorici, come quello della teoria di *de Broglie-Bohm*, dove l'ostacolo dei teoremi di impossibilità viene a dire il vero bypassato. Questo però avviene al prezzo di dover poi postulare *ad hoc* l'esistenza di uno specifico campo causale che si manifesterebbe a un livello sottoquantico della realtà, e le cui fluttuazioni aleatorie, una volta integrate nel tempo, sarebbero all'origine della funzione d'onda quantistica ordinaria. Non ci dilungheremo qui a spiegare i

essere comprese in termini di mancanza di conoscenza dell'osservatore circa lo stato del sistema, cioè circa le proprietà possedute dal sistema prima della sua osservazione, quale sarebbe la loro origine? O meglio: a quale tipo di mancanza di conoscenza farebbero riferimento?

(3) Se non è possibile in generale associare a priori dei valori definiti alle diverse proprietà delle entità microscopiche, come ad esempio una specifica posizione spaziale, come possiamo comprendere la natura di tali entità?

Ora, considerando che gli esperimenti di fisica nei laboratori sono realizzati per mezzo di *appositi apparecchi di misura*, che corrispondono a delle entità *macroscopiche*, di natura sostanzialmente classica, alla prima domanda si potrebbe ragionevolmente rispondere che, indipendentemente dal tipo di meccanismo capace di porre in esistenza (cioè *attualizzare*) le proprietà *potenziali* degli enti microscopici, tale meccanismo, necessariamente, dovrà esprimersi nell'ambito dell'*interazione* tra il sistema osservato (ad esempio un elettrone) e lo specifico strumento di misura utilizzato per osservarlo (ad esempio uno schermo rilevatore).

Il fatto poi che a misurazione ultimata l'osservatore umano prenda *conoscenza* o meno del risultato ottenuto, leggendo uno specifico valore numerico sull'apparecchio di misura (dando vita in questo modo a una *rappresentazione cosciente* del risultato nella sua mente) non dovrebbe ovviamente avere alcuna rilevanza nella descrizione del processo.

Eppure, non sono pochi gli autori che ritengono che la *coscienza umana* abbia un ruolo centrale nel processo di osservazione-misurazione quantistico. Nel senso che, in ultima analisi, sarebbe proprio la rappresentazione cosciente del fenomeno nella mente dello scienziato sperimentatore a renderlo possibile, cioè reale, *selezionando* di fatto uno tra i

---

vantaggi e gli svantaggi della teoria di de Broglie-Bohm, che presenta comunque serie difficoltà interpretative quando si cerca di descrivere sistemi formati da più di una singola entità quantistica.

diversi esiti possibili dell'esperimento.

Se consideriamo l'esperimento precedente con l'elastico, e facciamo come se l'elastico fosse l'equivalente di un elettrone (e il suo colore l'equivalente della posizione dell'elettrone), allora sarebbe come se l'elastico che teniamo nella mano non avesse di fatto alcun colore specifico, ma potesse acquisire una specifica cromia (nella fattispecie, nera o bianca) in modo del tutto imprevedibile (ma nondimeno quantificabile in termini probabilistici) solo nell'istante in cui noi, guardandolo di colpo, diverremmo consapevoli del suo colore.

Ma per quale ragione alcuni fisici sarebbero arrivati a ritenere credibile tale bizzarra conclusione? Per spiegarlo, dobbiamo ragionare come fece *von Neumann* negli anni trenta del secolo scorso.[13] L'argomento di von Neumann è all'incirca il seguente. Supponiamo che sia effettivamente (com'è ragionevole ritenere) lo strumento di misura (che indicheremo con la lettera M) all'origine del meccanismo in grado di selezionare uno specifico valore della proprietà osservata del sistema in questione (che indicheremo con la lettera S). Per fissare le idee, possiamo pensare a un *atomo* e alla misura della sua *posizione spaziale*.

Questo significa che se consideriamo l'interazione tra l'atomo S e lo strumento di misura M, al termine del processo interattivo S avrà acquisito in atto una specifica posizione spaziale, tra le diverse posizioni a priori possibili; una posizione che M sarà in grado di evidenziare in modo esplicito, ad esempio indicando sul monitor di un computer i valori delle specifiche coordinate atomiche misurate (vedi la Figura 7).

Fin qui tutto bene. Le difficoltà si presentano però quando si considera che nell'ambito della teoria quantistica è sempre possibile scegliere di considerare un sistema fisico più grande, S', che oltre a S racchiuderebbe in sé anche lo strumento di misura M, in interazione con S (vedi la Figura 8). Poiché questo sistema più grande S' sarebbe anch'esso soggetto alle leggi quantistiche, le sue proprietà sarebbero a loro volta descrivibili unicamente in termini di probabilità!

---

[13] von Neumann, J., *Mathematical Foundations of Quantum Mechanics* (1932); 1996 edition, Beyer, R. T., trans., Princeton Univ. Press.

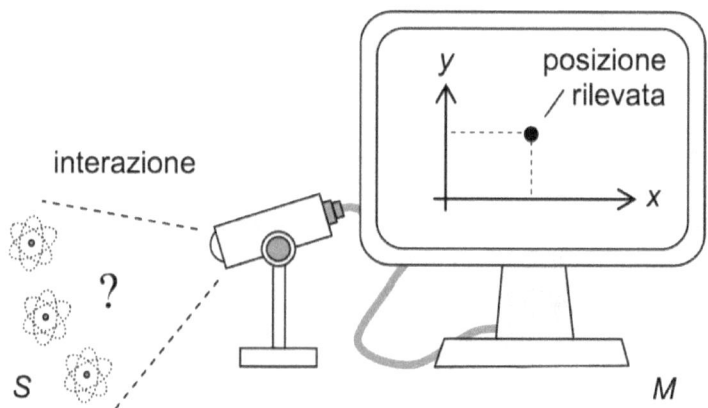

Figura 7. *Lo strumento di misura M evidenzia un'unica posizione per l'atomo S, tra le diverse posizioni a priori possibili prima dell'osservazione.*

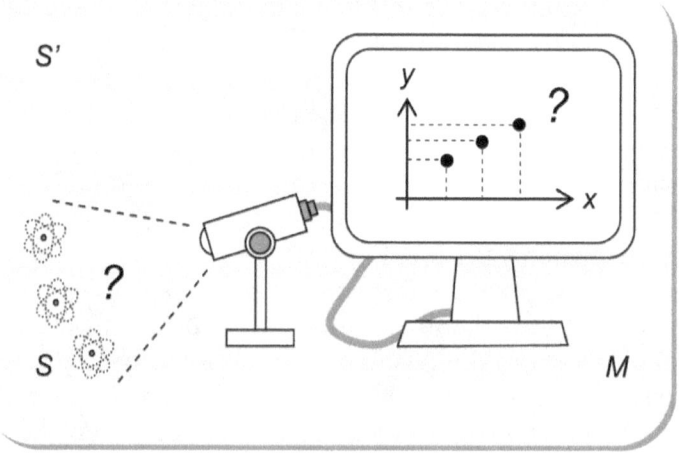

Figura 8. *Se lo strumento di misura M viene descritto come parte di un sistema quantistico più grande, S', allora, secondo la teoria quantistica questo non potrà più indicare un'unica posizione spaziale per l'atomo.*

Ma in tal caso, né le proprietà del sottosistema *S*, né quelle del sottosistema *M*, potranno essere descritte in termini di attualità. E questo significa in particolare che sul monitor di *M* non potrà più essere indicata alcuna coordinata specifica, in relazione alla misura effettuata su *S*. (Più esattamente, bisognerebbe dire che in questo caso ci sarebbero più schermate possibili, tutte potenzialmente e congiuntamente presenti – in un certo senso sovrapposte – ognuna indicante delle coordinate differenti per l'atomo).

Si ottiene così una strana contraddizione rispetto all'ipotesi di partenza che lo strumento *M* sarebbe la causa del processo di selezione del valore osservato. E se si prova a introdurre un nuovo strumento di misura *M'*, il cui compito sarebbe quello di effettuare una misura sul sistema *S'*, supponendo nuovamente che sia l'interazione tra *S'* e *M'* a determinare il processo di selezione, ovviamente non si risolverebbe proprio nulla.

Infatti, si potrebbe nuovamente considerare un sistema ancora più grande, *S''* (vedi la Figura 9), formato da *S*, *M* e *M'*, e applicare ancora una volta la descrizione quantistica di tipo probabilistico al sistema *S''*, e via di seguito, in una paradossale regressione infinita.

Per uscire da questa impasse, l'ipotesi di von Neumann (poi ripresa negli anni sessanta da *Eugene Wigner*) consistette nell'affermare che sarebbe la *coscienza* dello sperimentatore – un aspetto *non-materiale* della realtà, non soggetto alle leggi quantomeccaniche! – l'entità in grado di attivare, in ultima analisi, la selezione di uno specifico valore per la proprietà osservata.

In altre parole, il semplice *prendere conoscenza dell'esito dell'esperimento* da parte di una mente cosciente sarebbe ciò che, secondo von Neumann, permetterebbe a un sistema di passare da una situazione dove i diversi valori di una proprietà sono tutti possibili, ma nessuno è concretamente attuale, a quella dove uno solo di questi valori viene posto in essere, cioè di fatto attualizzato.

Un altro modo di enunciare il problema appena evidenziato, è quello di fare uso del concetto di *taglio di Heisenberg* (*Heisenberg cut*, in inglese). Con questo concetto s'intende quell'ipotetico "taglio" che permetterebbe di *separare* il sistema osservato dal sistema osservatore (vedi la Figura 11). La teoria quantistica non dà indicazioni su dove posizionare esattamente tale separazione, e questo ovviamente produce le contraddizioni tipiche di un ragionamento alla von Neumann, che abbiamo appena evidenziato.

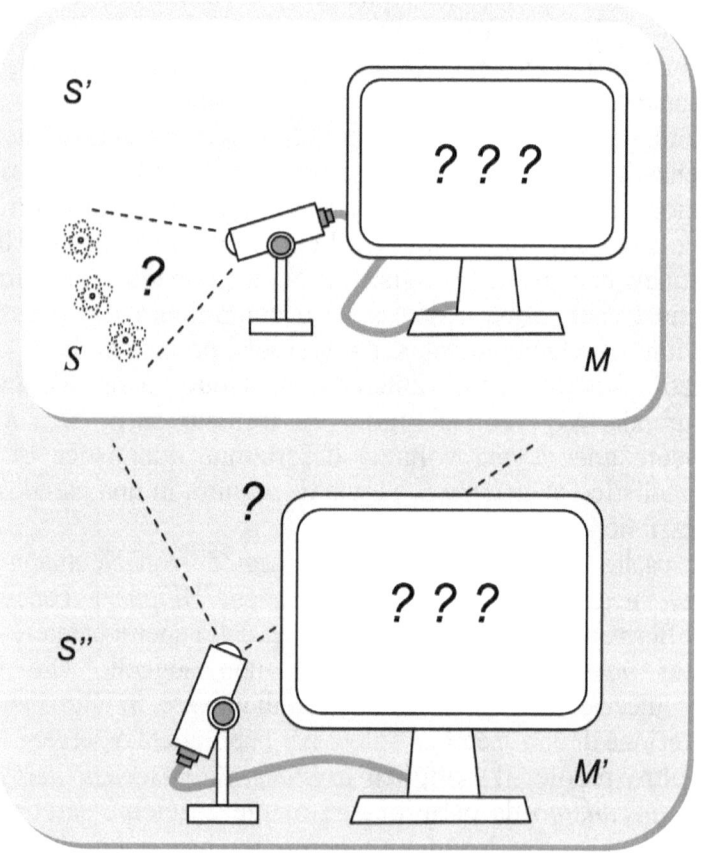

Figura 9. *Lo strumento di misura M' viene a sua volta descritto come parte di un sistema più grande, S'', e così via, in una regressione senza fine.*

Per evitare questi problemi, la sola scappatoia possibile sembra consistere nel piazzare il taglio di Heisenberg esattamente là dove indicato dall'ontologia dualistica cartesiana, cioè tra la *res extensa* e la *res cogitans*: tra il mondo delle entità materiali e quello delle coscienze osservatrici, di natura puramente cognitiva, cioè mentale.

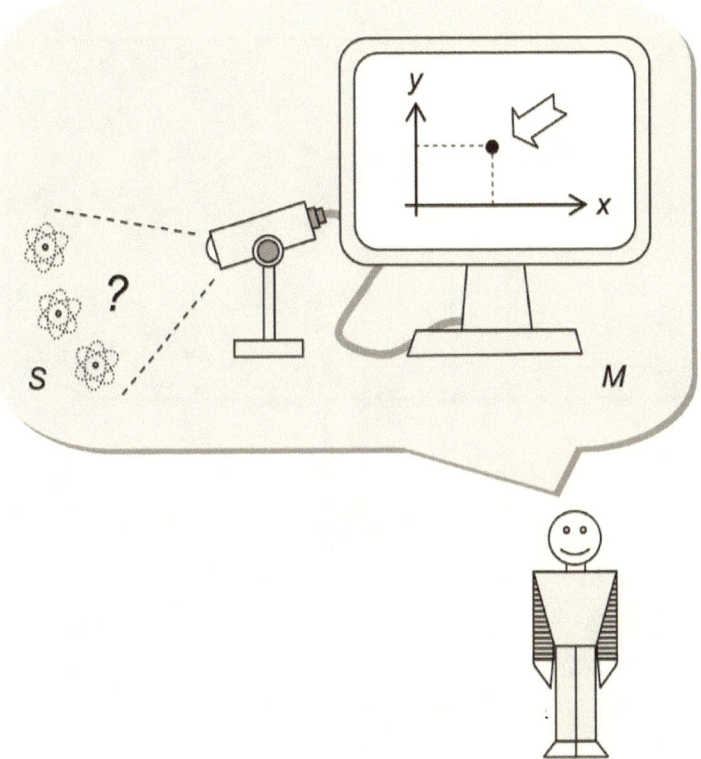

Figura 10. *La rappresentazione cosciente del fenomeno da parte di un osservatore umano è ciò che permetterebbe, secondo l'ipotesi di von Neumann, di selezionare uno specifico esito per la misura della posizione dell'atomo.*

Naturalmente, per chi ritiene che la mente possa agire direttamente sulla materia, come suggerirebbero numerosi esperimenti di laboratorio in ambito parapsicologico, questo tipo di spiegazione sembrerebbe proprio offrire quello spiraglio tanto sperato per fondare una teoria psicofisica dell'interazione mente-materia, cioè dell'interazione tra la dimensione cognitiva di tipo non-materiale e la dimensione della materia-energia.

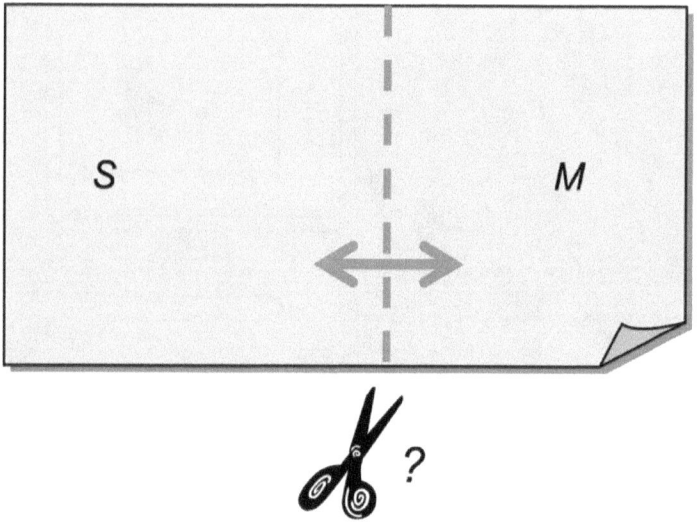

Figura 11. *La teoria quantistica non offre indicazioni su dove esattamente effettuare il taglio di Heisenberg, cioè su come separare il sistema osservato S dal sistema osservatore M.*

Inoltre, se è vero che la mente immateriale è in grado di influenzare direttamente la materia-energia, anche il problema fondamentale della connessione tra corpo e spirito potrebbe, se non altro in linea di principio, essere risolto dalla fisica quantistica. Ne conseguirebbe che l'esistenza dell'anima, cioè la capacità dell'individuo di sopravvivere alla morte del suo corpo fisico, come evidenziato dalle esperienze di premorte ed extracorporee, non sarebbe più un'assurdità nemmeno per la scienza istituzionale, in quanto secondo la teoria quantistica la mente sarebbe realmente in grado di agire autonomamente sul cervello umano.

Per queste ragioni, non è raro trovare in numerosi libri di divulgazione (ma non solo), scritti da autori con un marcato orientamento verso le filosofie orientali, o di stampo *New-Age*, affermazioni in cui si sostiene che la fisica avrebbe ormai dimostrato che non può esistere un universo senza una mente che vi penetri, nel senso che sarebbe la mente a plasmare effettivamente ogni cosa che viene percepita, e che tutta la materia da cui siamo circondati sarebbe, in ultima analisi, una sorta di "pensiero precipitato".

Un esempio emblematico di questo tipo di posizione è il famoso documentario americano del *2004*, intitolato *What the Bleep Do We Know!?*, un vero e proprio campione di incassi[14] nel quale si afferma, senza troppo imbarazzo, che *secondo le leggi della meccanica quantistica* il pensiero umano sarebbe in grado di modificare la natura della realtà fisica.

Affermazioni di questo genere, per quanto estreme, potrebbero apparire (in parte) giustificate alla luce del ragionamento summenzionato di von Newman, che in qualche modo sembra avvalorare la tesi che per spiegare il comportamento dei sistemi microscopici sia strettamente necessario mettere in campo l'elemento della coscienza umana e la natura molto particolare della sua interazione coi sistemi fisici. Per dirla con le parole di Wigner:[15]

> *È l'ingresso di un'impressione nella nostra coscienza ad alterare la funzione d'onda [...] È a questo punto che la coscienza entra nella teoria inevitabilmente e irrimediabilmente.*

La *funzione d'onda* che menziona Wigner è precisamente quell'oggetto matematico che descrive nella teoria quantistica lo stato del sistema, in termini essenzialmente di *potenzialità*, e che permette di calcolare le *probabilità* associate ai possibili

---

[14] Il titolo italiano del documentario è: "Bleep. Ma che... bip... sappiamo veramente!?" (Macrovideo).

[15] Wigner, E. P. *Philosophical Reflections and Syntheses* (annotated by G. G. Emch), Springer (1995).

risultati di un'osservazione.

Ma per quanto suggestiva sotto il profilo metafisico, l'ipotesi che la coscienza sarebbe la vera responsabile della concretizzazione finale del processo osservativo pone numerosi problemi imbarazzanti, e questo spiega perché la tesi sia avvalorata solo da una ridotta minoranza di fisici.[16]

Infatti, se ogni osservatore cosciente, individualmente, selezionasse in modo non predeterminabile uno specifico valore della grandezza fisica osservata, come potrebbero i diversi osservatori trovarsi tutti sempre d'accordo sui diversi fenomeni materiali che osservano in continuazione nei laboratori? Se due osservatori osservano nel medesimo istante lo stesso sistema fisico, dal momento che ognuno sarebbe in grado di selezionare un diverso esito specifico, come potrebbero le loro osservazioni sempre concordare?

Certamente, si può sempre ipotizzare che il processo osservativo sia attivato dalla coscienza dell'osservatore-partecipatore che per primo "getta lo sguardo" sul sistema in questione, ma è sempre possibile operare questo distinguo, quando ad esempio due scienziati osservano in modo continuativo, contemporaneamente, il sistema da loro studiato?

Lasciando da parte questi imbarazzanti interrogativi, vi sarebbe in fin dei conti una ragione ben più semplice per abbandonare l'ipotesi che l'osservazione quantistica necessiterebbe della mente dell'osservatore, come evidenziato da *Yu* e *Nikolić* in un loro recente articolo.[17] Infatti, sottolineano questi autori, se è vero che non è possibile dimostrare la validità di tale ipotesi (dal momento che la scienza, come è noto, non è

---

[16] Vedi ad esempio: Stapp, H. P. *Mindful Universe: Quantum Mechanics and the Participating Observer*. The Frontiers Collection, Springer, 2nd Edition (2011); Rosennerom, B. and Kuttner, F. *Quantum Enigma: Physics Encounters Consciousness*. Oxford University Press, USA (2008); Menskii, M. B. "Quantum mechanics: new experiments, new applications, and new formulations of old questions." Physics-Uspekhi 43 (6), pp. 585–600 (2000); e le referenze ivi citate.

[17] Yu, S. and Nikolić, D. "Quantum mechanics needs no consciousness." Ann. Phys. (Berlin) 523, No. 11, pp. 931–938 (2011).

in grado di dimostrare la verità di alcuna ipotesi), sarebbe nondimeno possibile dimostrarne la falsità,[18] ossia la falsità dell'assunto che il meccanismo di *selezione di una possibilità* (*SP*) *implichi necessariamente* (⇒) una *rappresentazione cosciente* (*RC*) del fenomeno nella mente dello sperimentatore:

$$SP \Rightarrow RC.$$

Da un punto di vista logico, tale ipotesi è del tutto equivalente alla sua *negazione* (¬), che si ottiene invertendo i termini della precedente relazione:[19]

$$\neg RC \Rightarrow \neg SP.$$

Questa versione dell'ipotesi, logicamente equivalente della precedente, afferma che la mancata rappresentazione cosciente del fenomeno nella mente dello sperimentatore (¬ *RC*) implica necessariamente (⇒) la non attuazione di uno dei possibili esiti dell'osservazione (¬ *SP*).

Ora, molti dei risultati sperimentali attualmente già disponibili (ad esempio nei cosiddetti *"which-path experiments"*, di cui però non ci occuperemo in questo scritto), se analizzati attentamente sembrerebbero proprio indicare che l'enunciato "¬ *RC* ⇒ ¬ *SP*" sia di fatto falso; pertanto, lo sarebbe anche

---

[18] Gli assunti detti scientifici sono tali proprio per questo: non perché è possibile dimostrare la loro veridicità, ma perché è possibile dimostrare la loro falsità, se non altro in linea di principio.

[19] Facciamo un esempio: se *A* corrisponde alla proposizione "Albert è un fisico" e *B* alla proposizione "Albert conosce la fisica", abbiamo ovviamente che "*A* ⇒ *B*", in quanto il fatto che Albert sia un fisico implica necessariamente (⇒) che egli conosca la fisica (per definizione del concetto di "essere un fisico"). D'altra parte, possiamo osservare che questa implicazione è del tutto equivalente alla sua negazione logica, che si ottiene negando le rispettive proposizioni e invertendo il senso dell'implicazione: "¬ *B* ⇒ ¬ *A*". Infatti, se "Albert non conosce la fisica" (¬ *B*), ciò implica necessariamente (⇒) che "Albert non è un fisico" (¬ *A*).

l'enunciato logicamente equivalente "*SP* $\Rightarrow$ *RC*", e quindi il presunto legame tra coscienza umana e processo osservativo quantistico sarebbe in contraddizione con i dati sperimentali già in nostro possesso.[20]

Detto questo, e a prescindere dal fatto che i dati oggi disponibili abbiano già falsificato o meno l'*ipotesi psicofisica* di von *Neumann* (o siano in grado di farlo in modo inequivocabile) è importante evidenziare che le ragioni di questa strana empasse logico-cognitiva risiedono semplicemente nella credenza di molti fisici che la meccanica quantistica sia una teoria completa, e che pertanto, per quanto imbarazzante sia il ragionamento di von Neumann, questo sarebbe in un certo senso del tutto inevitabile. D'altra parte, il fatto stesso che la teoria non indichi con chiarezza dove mettere la separazione tra sistema osservato e sistema osservatore (il mancato "taglio di Heisenberg") dovrebbe indurre a una certa circospezione circa la sua presunta completezza.

A dire il vero, l'incompletezza della teoria quantistica è già stata dimostrata dal fisico belga *Diederik Aerts*, più di trent'anni fa, sebbene sorprendentemente questo risultato non sia ancora oggi sufficientemente noto, o dovutamente preso in considerazione dalla maggior parte dei teorici quantistici (che spesso nemmeno lo conoscono). È infatti possibile mostrare in modo matematicamente rigoroso che il formalismo standard della fisica quantistica non è assolutamente in grado, strutturalmente parlando, di descrivere la semplice situazione di due entità fisiche *sperimentalmente separate*,[21] che è tipica

---

[20] La questione circa la possibilità di smentire definitivamente l'ipotesi che l'interazione mente-materia possa essere all'origine del collasso quantomeccanico della funzione d'onda resta nondimeno controversa; vedi ad esempio: Acacio de Barros, J. and Oas, G. "Can We Falsify the Consciousness-Causes-Collapse Hypothesis in Quantum Mechanics?" Found. Phys., 47, pp. 1294–1308 (2017).

[21] Due entità sono dette *separate*, in termini *sperimentali*, se l'esecuzione di un esperimento osservativo sulla prima non modifica l'esito di un esperimento osservativo condotto sulla seconda (contemporaneamente o in modo sequenziale), e viceversa. Si noti che il concetto di separazione sperimentale non implica

degli oggetti macroscopici del nostro quotidiano.[22]

Questo fatto è piuttosto grave, se si pensa che per dare un senso proprio alla distinzione tra sistema osservatore e sistema osservato, è ovvio che sia necessario poterli separare, nel senso che nell'ambito di un processo osservativo il sistema di osservazione M dovrebbe essere, tipicamente, inizialmente separato dal sistema osservato S, quindi i due sistemi dovrebbero connettersi in qualche modo, per consentire la misurazione, e al termine completo del processo sperimentale, separarsi nuovamente. Ma un tale processo di separazione-unione-separazione non è assolutamente descrivibile entro il quadro formale ristretto della fisica quantistica convenzionale, da cui la necessità del ricorso al concetto extrasistemico di una coscienza immateriale per tentare di risolvere la questione.

D'altra parte, esistono degli approcci teorici alla descrizione dei sistemi fisici molto più generali della meccanica quantistica, in grado di descrivere sia i sistemi puramente quantistici, le cui parti non sono solitamente analizzabili separatamente, sia i sistemi puramente classici, che possono invece essere separati, a cui si aggiunge una nuova classe di sistemi di natura intermedia, detti *simil-quantistici*, veri e propri ibridi a metà strada tra i sistemi classici e i sistemi quantistici.

Si tratta di approcci che prima ancora di rivolgersi alle specifiche del mondo microscopico cercano di identificare e di descrivere con chiarezza quali siano le "regole del gioco" quando un fisico studia in tutta generalità (sia teoricamente che sperimentalmente) un sistema materiale, sia esso macroscopico, microscopico, oppure mesoscopico.

Ovviamente, ci troviamo qui alla frontiera tra fisica e filosofia della conoscenza, un territorio concettualmente delicato, dove non tutti i ricercatori si sentono a proprio agio. Ma questo è il territorio dove è necessario inoltrarsi, se si desidera penetrare

---

necessariamente che i due sistemi non possano essere interagenti.
[22] Aerts, D., "Description of many physical entities without the paradoxes encountered in quantum mechanics." Found. Phys., 12, pp. 1131–1170 (1982); "The missing element of reality in the description of quantum mechanics of the EPR paradox situation." Helvetica Physica Acta, 57, pp. 421–428 (1984).

alcuni dei misteri e delle stranezze della realtà del micromondo. Infatti, studiando i fondamenti delle teorie fisiche in senso lato, possiamo accorgerci che alcune delle peculiarità del micromondo sono di fatto già presenti nella nostra interazione con le entità macroscopiche convenzionali, se solo impariamo a osservare il contenuto di queste nostre interazioni/osservazioni con il dovuto discernimento e dalla giusta prospettiva.

Questo se non altro è quanto è emerso dalle scoperte della cosiddetta *scuola di Ginevra-Brussel sui fondamenti della fisica*, che ha avuto origine nei lavori pionieristici di *Josef-Maria Jauch*[23] e *Constantin Piron*,[24] a Ginevra, e che ha trovato piena maturazione nei lavori fondamentali di *Diederik Aerts* e del suo gruppo a Brussel.[25]

Contrariamente a quanto si era fatto in passato, nel corso dello sviluppo della teoria quantistica ortodossa, anziché derivare prima una struttura matematica formale, e solo in seguito cercare quale potesse esserne l'interpretazione fisica, i fondatori di questa scuola si sono "rimboccati le maniche" e sono tornati a quel metodo più naturale che consiste nel cercare di identificare inizialmente quelli che sono i concetti fisici rilevanti, definendoli e chiarendoli su una solida base *realistico-operazionale*, e solo in seguito usarli per costruire una teoria matematica della realtà fisica, che avrà allora maggiori chance di essere del tutto sensata e intelligibile.

Seguendo questo approccio più soddisfacente, i ricercatori della scuola di Ginevra-Brussel (e più particolarmente Aerts) sono riusciti negli anni a derivare un linguaggio concettuale e

---

[23] Jauch, J.-M. *Foundations of Quantum Mechanics*, Addison-Wesley Publishing Company, Reading, Massachusetts (1968).

[24] Piron, C. *Foundations of quantum physics*. Massachusetts: W. A. Benjamin (1976); *Mécanique quantique: Bases et applications*. Presses polytechniques et universitaires romandes, Lausanne, Switzerland (1990).

[25] Per quanto si indichi ancora oggi questa scuola come la *scuola di Ginevra-Brussel*, va detto che è attualmente attiva unicamente in Belgio, in particolar modo nell'ambito del Centro Leo Apostel per gli studi interdisciplinari (*CLEA – Center Leo Apostel for Interdisciplinary Studies*), della *Vrije Universiteit*.

matematico molto efficace, denominato *visione creazione-scoperta* (*creation-discovery view*),[26] in grado di descrivere le diverse dinamiche delle entità che popolano la nostra realtà con un notevole livello di generalità e universalità.

In questo modo, è stato possibile elucidare molte delle stranezze e ambiguità concettuali presenti nelle diverse interpretazioni della fisica quantistica, sviluppando un approccio (a tutt'oggi ancora in fase di studio e perfezionamento) con il quale diventa possibile studiare il comportamento di entità sia fisiche che non-fisiche (come ad esempio gli enti culturali, i segni e i simboli, i concetti, le menti, eccetera).

Naturalmente, non entrerò in questa sede nel merito del sofisticato linguaggio concettuale e matematico di questa scuola di pensiero, che è molto ricco ed elaborato. Mi limiterò qui a seguire una delle tradizioni di questa scuola – soprattutto per quanto attiene al lavoro di Aerts – che è quella di inventare e analizzare *modelli macroscopici* molto semplici (ma non per questo meno significativi) in grado di incorporare tutta la stranezza del comportamento dei sistemi fisici microscopici. Tale stranezza però, rivelandosi interamente ai nostri occhi, ci apparirà decisamente meno misteriosa del previsto.

Più esattamente, quello che mi propongo di fare nelle pagine seguenti è proseguire nel nostro esperimento osservativo con gli elastici e mostrare come un sistema macroscopico apparentemente semplice e convenzionale come una fascetta elastica sia di fatto in grado di offrire risposte esaurienti ai tre quesiti fondamentali summenzionati.

---

[26] Aerts, D. "The entity and modern physics: the creation-discovery view of reality". In: *Interpreting Bodies: Classical and Quantum Objects in Modern Physics*. Ed. Castellani, E. Princeton Unversity Press, Princeton, pp. 223–257 (1998).

5. ELASTICI QUANTISTICI

Se precedentemente ci siamo interessati al colore (bianco o nero) degli elastici, con lo scopo di sottolineare la natura delle *probabilità classiche* e delle proprietà ad esse associate, la cui attualità prescinde dalla nostra osservazione, vogliamo ora considerare una classe di proprietà del tutto differente, che ci consentiranno di svelare la natura profonda delle *probabilità quantistiche*, e di quel misterioso *meccanismo di selezione* che fa sì che nel corso di un'osservazione si passi da delle possibilità astratte (i diversi esiti possibili prima dell'esperimento) alla selezione di una specifica attualità concreta (l'esito di fatto osservato in laboratorio, in seguito all'esperimento osservativo).

Prima di definire queste proprietà, è importante aprire una breve parentesi e porsi la seguente domanda:

> *Come avviene abitualmente la procedura di attribuzione delle proprietà alle entità che popolano la nostra realtà fisica?*

Ossia, per quale ragione attribuiamo, ad esempio a un elastico, la proprietà di "possedere un colore"? La domanda può apparire strana, ma come vedremo comprendere le ragioni di tali attribuzioni ha sicuramente una certa importanza nell'ambito della nostra analisi. Una possibile risposta, già evocata in precedenza, consiste nel sottolineare che poiché nel corso delle nostre passate interazioni con gli elastici abbiamo riscontrato che questi possiedono sempre un colore specifico, è del tutto naturale ipotizzare che anche l'elastico che prima tenevamo in mano possedesse un suo colore, e che quindi la domanda che ci eravamo posti circa il suo eventuale colore nero fosse perfettamente lecita e pertinente in relazione a un elastico.

Lo stesso tipo di ragionamento può naturalmente applicarsi a numerose altre proprietà relative alle entità fisiche, come ad esempio quella di "avere una determinata posizione nello spazio". Infatti, abbiamo sempre riscontrato, nelle nostre molteplici interazioni con gli oggetti materiali, che questi possiedono una posizione specifica (sebbene questa posizione possa certamente variare nel tempo), ed è quindi perfettamente lecito interrogarsi sulla posizione spaziale di una determinata entità, ad esempio la Luna, in un dato momento.

Semplificando la discussione, possiamo dire che noi esseri umani, nel corso della nostra evoluzione biologica, abbiamo accumulato una certa esperienza circa le entità materiali (macroscopiche) che formano la nostra realtà ordinaria, e abbiamo scoperto che un certo numero di proprietà si applicano sensatamente e stabilmente ad esse. Da questa esperienza, volenti o nolenti, ne è nato un *pregiudizio*, che è quello di pensare di poter generalizzare senza troppi inconvenienti il frutto di queste nostre osservazioni, ritenendo ad esempio che se il concetto di posizione si applica convenientemente agli oggetti macroscopici del nostro quotidiano, lo stesso deve per forza di cose valere anche per gli "oggetti" microscopici, rilevabili mediante opportuni strumenti osservativi (come ad esempio i microscopi).

Qui però dobbiamo fare attenzione a non commettere quello che i logici definiscono errore di *generalizzazione frettolosa* (*hasty generalization*, in inglese), che consiste nel giungere a conclusioni generali sulla base di informazioni ottenute su un campione non necessariamente rappresentativo. Ovviamente, non vi sono basi logiche per una tale inferenza, in quanto non abbiamo mai interagito direttamente con le entità microscopiche, come gli atomi, e questo per una semplice ragione: le entità microscopiche, proprio perché tali, sono invisibili ai nostri strumenti percettivi *ordinari*. Il summenzionato pregiudizio, come vedremo, è alla base della nostra incomprensione circa la vera natura degli enti microscopici, poiché di fatto si tratta di un *falso pregiudizio*.

La ragione di questa mia breve parentesi è quella di evidenziare quanto segue:

> Così come indubbiamente è una procedura *non-ordinaria* attribuire proprietà *ordinarie* a entità *non-ordinarie*, come ad esempio un elettrone, allo stesso modo – sebbene per ragioni contrapposte – è altrettanto *non-ordinario* attribuire proprietà *non-ordinarie* a entità *ordinarie*, come ad esempio un elastico.

Quello che sto cercando di mettere in evidenza è che ciò che determina la natura *classica* o *quantistica* di un'entità fisica non è tanto il fatto che questa sia *microscopica* o *macroscopica*, quanto la natura delle domande che noi ci poniamo in termini *operazionali* in relazione ad essa, cioè in relazione alle proprietà che riteniamo di poterle attribuire, e di conseguenza osservare.

Il punto importante da capire è che la natura ordinaria o non-ordinaria (cioè classica o non-classica) di una domanda non dipende dalla domanda in sé, quanto dalla sua specifica relazione con l'entità nei confronti della quale ci poniamo la domanda. Infatti, se porsi una domanda circa la posizione della Luna è del tutto ordinario, lo stesso non possiamo dire se la medesima domanda viene posta in relazione a un elettrone.

Quindi, un'ottima strategia per comprendere la natura della realtà quantistica è quella di porci domande genuinamente non-ordinarie in relazione a un'entità macroscopica di tipo ordinario, e vedere poi come reagisce a questi nostri strani interrogativi. Infatti, il vantaggio in questo caso è che essendo l'entità macroscopica costantemente sotto i nostri occhi, possiamo comprendere – poiché possiamo vedere! – che cosa realmente accade quando, nel corso di un'osservazione, agiamo in senso pratico (sperimentale) tali interrogativi.

Come vedremo, questo ci consentirà di risolvere il mistero dell'origine delle probabilità quantistiche e del misterioso "effetto osservatore", sulla base del cosiddetto *approccio a misure nascoste (hidden-measurement approach)*, inizialmente proposto da Diederik Aerts.[27]

---

[27] L'*approccio a misure nascoste* fu dedotto dal suo autore a partire da un'analisi accurata di particolari *macchine quantistiche macroscopiche*, il cui comportamento era sorprendentemente in grado di imitare quello dei sistemi microscopici. In questo libricino non entreremo nel dettaglio delle particolari macchine quantistiche di Aerts, poiché

Consideriamo quindi un semplice elastico (cioè una fascetta elastica). Non ci interesseremo più al suo colore, ma cercheremo di determinare se l'elastico possiede o non possiede una particolare proprietà, che denomineremo *mancinismo*.

Figura 12. *Una semplice fascetta elastica, nella fattispecie di colore nero.*

Questa proprietà è di tipo *non-ordinario* per un elastico. Infatti, non siamo abituati, nelle nostre interazioni ordinarie con queste entità, ad interrogarci circa il loro mancinismo. A dire il vero, nemmeno solitamente sappiamo che cosa sia il mancinismo di un elastico!

Quindi, prima di poter osservare il mancinismo di un elastico, dobbiamo stabilire che cosa significhi nel concreto osservarlo. Va detto che il procedimento che consiste nel definire una proprietà descrivendo le operazioni da effettuare, e i risultati da ottenere, ai fini della sua osservazione, è del tutto naturale in fisica, ed è detta *operazionismo*. Quindi, per definire che cosa sia il mancinismo di un elastico, dobbiamo semplicemente spiegare come lo si osserva in termini pratici. La procedura osservativa è molto semplice ed è la seguente:

Protocollo osservativo del mancinismo (rispettivamente, del *destrimanismo*): prendete i due lembi dell'elastico con le due mani; quindi, tiratelo *velocemente e con forza*, così da

queste richiederebbero, per essere comprese, una conoscenza specifica dei sistemi microscopici quantistici cui esse fanno riferimento. Nondimeno, l'analisi che presenteremo di alcune proprietà *non-ordinarie* di una semplice fascetta elastica, racchiude già in sé quegli ingredienti concettuali che ci permetteranno di elucidare la possibile origine delle probabilità quantistiche nei sistemi microscopici.

romperlo. A questo punto, osservate i due frammenti penzolanti che stringete tra le dita. Se quello più lungo si trova nella mano *sinistra* (vedi la Figura 14), allora l'elastico è per definizione *mancino*, altrimenti possiede la proprietà inversa, che è quella del *destrimanismo* (vedi la Figura 15).

mancino o destrimano?

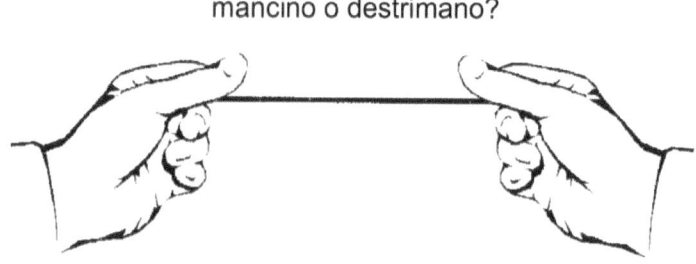

Figura 13. *L'elastico viene afferrato per i suoi due lembi dalle due mani dello scienziato sperimentatore, prima di procedere allo strappo, che andrà a determinare l'esito del processo osservativo.*

mancino!

Figura 14. *L'osservazione del mancinismo ha successo quando il frammento più lungo si trova nella mano sinistra.*

destrimano!

Figura 15. *L'osservazione del destrimanismo ha successo quando il frammento più lungo si trova nella mano destra.*

Naturalmente, potrebbe accadere che un elastico, a causa di precedenti interazioni con altre entità fisiche, non formi più un tutt'uno, ma sia formato da più frammenti spazialmente separati. In altre parole, potrebbe capitare che un elastico sia già rotto in più pezzi. Possiamo nondimeno continuare a parlare in modo sensato della proprietà del mancinismo (o destrimanismo), semplicemente aggiungendo alla summenzionata procedura osservativa la condizione che se l'elastico è già rotto l'esperimento va condotto utilizzando il frammento di elastico più lungo.

Si potrebbe obiettare che non ha senso parlare di un elastico quando si ha a che fare con un elastico rotto, ma la definizione di cosa sia o non sia un elastico è ovviamente *convenzionale*, e quindi nel nostro modo di considerare tali entità siamo liberissimi di includere nella loro definizione il fatto che possano formare sia un tutt'uno coeso, sia essere composte da più pezzi separati, senza per questo perdere la loro identità primaria di elastico.

Figura 16. *Secondo la nostra definizione, una fascetta elastica resta tale anche se formata da più frammenti separati (nella fattispecie due), cioè anche se è rotta.*

Si potrebbe altresì obiettare che in alcuni rari casi potrebbe succedere che un elastico risulti *ambidestro*, nel senso che i frammenti nelle due mani, in seguito allo strappo, siano di pari lunghezza (nei limiti della precisione di misura). Per evitare complicazioni inutili (che non aggiungerebbero nulla di più alla nostra discussione) supporremmo in seguito che sia sempre possibile determinare quale dei due frammenti sia di fatto il più lungo.

Avendo chiarito che cosa s'intende esattamente con la proprietà del mancinismo (o del destrimanismo) in relazione a un elastico, immaginate ora di tenere un elastico in mano e di porvi la seguente domanda:

| *L'elastico è mancino?*

Come per la precedente domanda sul colore nero, anche questa domanda ammette ovviamente, in linea di principio, solo due risposte: *sì*, oppure *no*. E come per la precedente domanda, vi trovate nella condizione di non poter dare una risposta se prima non completate l'esperimento osservativo.

Nel precedente esperimento, relativo al colore nero, l'impossibilità di rispondere alla domanda risultava dal fatto che non avevate ancora *preso conoscenza* quale fosse l'elastico estratto dalla scatola, visto che ancora non lo avevate guardato. Quindi, senza prima completare l'esperimento, guardando direttamente l'elastico, potevate solo affermare che la risposta alla domanda era "sì" con probabilità del *50%*. Poi però, una volta guardato direttamente l'elastico e stabilito che il suo colore era di fatto nero, ad ogni ulteriore domanda circa il suo colore nero avreste potuto rispondere "sì" con *assoluta certezza*, cioè con probabilità pari al *100%*.

Vediamo ora di capire che cosa cambia col mancinismo. Anche in questo caso possiamo senza grossi problemi rispondere alla domanda in termini probabilistici. Infatti, procurandoci un numero ragguardevole di elastici tutti identici a quello che abbiamo in mano, potremmo preventivamente effettuare l'esperimento osservativo del mancinismo su ognuno di essi, quindi determinare la percentuale di esiti positivi.

Supponiamo che tale percentuale sia esattamente del *50%*, come è facile dedurre se teniamo conto del fatto che la procedura osservativa non favorisce in nessun modo la sinistra rispetto alla destra.

Quindi, tramite un semplice ragionamento teorico, o un precedente studio statistico, quando teniamo in mano l'elastico siamo in grado di dire che è mancino con probabilità del *50%* (e di conseguenza destrimano con la medesima probabilità), proprio come precedentemente eravamo in grado di affermare che era nero con una probabilità del *50%* (e di conseguenza bianco con la medesima probabilità).

Ma ora riflettete. Quando la domanda era relativa al colore, la probabilità del *50%* era dovuta al fatto che non stavamo ancora guardando l'elastico. Ora però, nel caso del mancinismo, non stiamo più guardando da un'altra parte, o chiudendo gli occhi: vediamo perfettamente l'elastico teso tra le nostre mani!

Quindi, viene da chiedersi: poiché, pur guardando l'elastico, non siamo in grado di rispondere con certezza alla domanda sul mancinismo: *che cos'è che non stiamo "vedendo"*? O meglio, c'è forse qualcosa che potremmo sapere sull'elastico, per esempio alcune sue *proprietà nascoste*, che ci permetterebbe di predire con certezza l'esito dell'esperimento di osservazione del mancinismo? Esiste un modo di studiare l'elastico in questione, magari informandoci sul suo metodo di fabbricazione, sulla qualità e le caratteristiche specifiche della gomma utilizzata per produrlo, ecc., che potrebbe permetterci di rispondere alla domanda in termini non probabilistici?

La risposta a questo interrogativo, come è facile convincersi, è negativa. Anche con una conoscenza completa di tutte le caratteristiche dell'elastico, fino al livello della sua struttura molecolare, non ci sarebbe modo per noi di stabilire a priori se si tratta di un elastico mancino o destrimano. Questo per una ragione molto semplice: la proprietà di essere mancino (o destrimano) ancora non esiste (ancora non è attuale, ma solo potenziale) per quell'elastico!

> *Il mancinismo (o destrimanismo) di un elastico viene creato (cioè attualizzato) dal processo stesso della sua osservazione, e tale processo non è in nessun modo sotto il controllo dell'osservatore!*

E poiché non è sotto il suo controllo, questi non ha alcuna possibilità di predirne in anticipo l'esito.

6. LA SOLUZIONE (DI PARTE) DELL'ENIGMA

Grazie all'esempio del mancinismo degli elastici, siamo ora in grado di risolvere parte dell'enigma e dare una risposta concettualmente soddisfacente ai primi due dei tre interrogativi che ci siamo precedentemente posti.

Se ben ricordate, il primo interrogativo riguardava il meccanismo in grado di selezionare un risultato specifico tra i diversi risultati possibili, altrimenti descritti in termini probabilistici. Come nel caso del colore, che poteva essere nero o bianco, anche in questo caso gli esiti possibili del processo osservativo sono solo due: l'elastico è mancino (il brandello più lungo è nella mano sinistra), oppure destrimano (il brandello più lungo è nella mano destra).

Da che cosa dipende l'esito? Ovviamente, dal punto esatto x in cui si romperà l'elastico quando lo tirate con forza con le due mani. Se x si trova nella metà dell'elastico in prossimità della mano destra, l'esito dell'osservazione sarà il mancinismo. Se invece x si trova nella metà dell'elastico in prossimità della mano sinistra, l'esito sarà il destrimanismo (vedi la Figura 17).

Un modo per descrivere il processo è quello di dire che ad ogni possibile punto di rottura x corrisponde una maniera specifica di tirare l'elastico, o più esattamente un certo numero di maniere specifiche *equivalenti* di tirarlo, che produrranno tutte, deterministicamente, la rottura esattamente in quel punto. Ogni classe di maniere equivalenti di tirare l'elastico, che produce la sua rottura in uno specifico punto x, definisce una specifica *interazione* I_x (o più esattamente, una specifica classe di interazioni equivalenti) tra l'apparecchio di misura costituito dalle mani dello sperimentatore e il sistema fisico costituito dall'elastico.

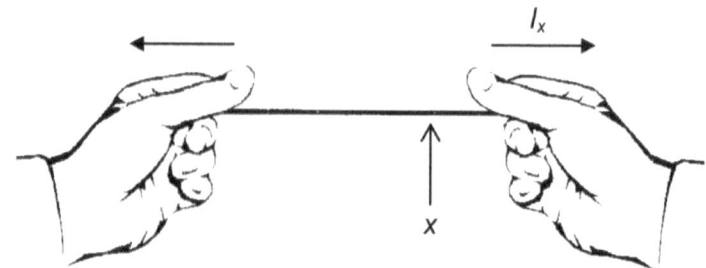

Figura 17. *A ogni interazione I_x (che di fatto corrisponde a una specifica classe di maniere equivalenti di tirare l'elastico) corrisponde uno specifico punto di rottura x dell'elastico. Nella fattispecie, l'interazione I_x che viene selezionata (inconsapevolmente) dalle mani dello sperimentatore determinerà l'esito del mancinismo.*

Quello che è importante comprendere è che a causa di un insieme di fattori fluttuanti, quali ad esempio le impercettibili vibrazioni delle mani mentre tirano, l'orientamento specifico dell'elastico quando viene impugnato, la pressione esercitata dalle dita, la rapidità e forza con cui viene provocato lo strappo, e via discorrendo, sarà del tutto impossibile per lo sperimentatore controllare quale specifica interazione I_x verrà di fatto selezionata tra le diverse interazioni possibili, e di conseguenza in quale punto x si romperà in ultimo l'elastico.

Prima dell'esecuzione dell'esperimento, tutti i punti di rottura sono a priori possibili. Si tratta dunque di *punti di rottura potenziali*, non ancora attuali, così come è solo potenziale la proprietà del mancinismo (o destrimanismo) dell'elastico. Quando però l'elastico viene afferrato, e tirato, ecco che un vero e proprio processo di *rottura di simmetria* ha luogo, nel senso che una specifica interazione I_x viene incidentalmente selezionata dallo sperimentatore, che a sua volta causerà la rottura dell'elastico nel punto specifico x.[28] E a seconda di dove

---

[28] Il concetto di *simmetria* è qui da intendersi nel senso che tutti i punti x (o tutte le classi di interazioni I_x ad essi associate) sono a priori *equivalenti* (nel senso di *equiprobabili*) dal punto di vista

si trova questo punto, la proprietà del mancinismo verrà confermata o infirmata, cioè la sua osservazione avrà successo o non avrà successo.

Quindi, siamo ora in grado di spiegare come avviene la selezione di uno specifico esito tra i diversi esiti a priori possibili, quando questi sono descrivibili unicamente in termini di probabilità, senza però che queste probabilità siano riconducibili a una mancanza di conoscenza dell'osservatore circa le proprietà del sistema osservato (come è il caso invece delle probabilità classiche).

Il meccanismo di selezione è quello tipico di una *rottura di simmetria* (ciò che viene attualizzato rompe la simmetria di ciò che era potenziale), che avviene quale conseguenza della presenza inevitabile di fluttuazioni incontrollabili e imprevedibili nel processo di osservazione. Queste fluttuazioni fanno sì che l'osservatore non sia in grado di controllare quale specifica interazione I_x verrà di fatto selezionata tra il sistema osservato e lo strumento di osservazione, determinando in questo modo uno solo tra i possibili esiti della misurazione (che nel nostro esempio semplificato sono solo due).

Una volta identificato il meccanismo, siamo anche in grado di elucidare il mistero dell'origine delle probabilità quantistiche, cioè la natura di quelle probabilità che non possono essere spiegate in termini di mancanza di conoscenza dell'osservatore circa le proprietà possedute dal sistema prima della sua osservazione.

---

della rottura dell'elastico (essendo questo, per ipotesi, uniforme). Un modo per rendere la simmetria pienamente manifesta è quello di considerare, anziché una fascetta elastica, un elastico a forma di anello, come i tipici elastici da ufficio (in questo caso, quando si effettua l'osservazione del mancinismo, l'elastico si romperà in due punti, anziché in uno solo). Con un elastico ad anello la simmetria di cui è qui questione può essere visualizzata come *simmetria per rotazione*. Infatti, è possibile ruotare arbitrariamente l'elastico prima di effettuare l'osservazione, senza che l'effetto di tale rotazione vada ad influire sulle probabilità dei suoi diversi esiti. Questa *invarianza per rotazione* è pertanto espressione di una simmetria dell'elastico, che a sua volta è espressione della sua uniformità.

Come si evince dall'esperimento con l'elastico, le probabilità associate all'osservazione del mancinismo sono anch'esse di natura *epistemica* – cioè legate a una situazione di ignoranza dell'osservatore – ma la mancanza di conoscenza a cui fanno riferimento è di natura differente rispetto alle probabilità cosiddette classiche. Infatti, questa mancanza di conoscenza ha origine nella *mancanza di controllo* da parte dello sperimentatore circa i dettagli dell'esecuzione del suo stesso processo osservativo; una mancanza di controllo che, traducendosi in mancanza di conoscenza circa l'esito finale dell'esperimento, può nondimeno essere quantificata in termini probabilistici.

Quindi, se si vuole parlare di *variabili nascoste*, queste vanno associate non al sistema osservato, ossia al suo stato, bensì al processo osservativo, cioè all'atto di misurazione in quanto tale. Ecco perché la spiegazione dell'origine delle probabilità quantistiche suggerita da modelli come quello dell'elastico, è stata denominata dal suo scopritore *approccio a misure nascoste*.

Certamente, si potrebbe obiettare che l'esempio ultra semplificato dell'esperimento sul mancinismo degli elastici sia solo una metafora, ma non è così. Infatti, è possibile sfruttare l'ingrediente delle "osservazioni nascoste" (nel senso di "interazioni di misura nascoste") per costruire in tutta generalità una teoria probabilistica di tipo non classico, e dimostrare che nel limite di un controllo completo dell'atto osservativo da parte dell'osservatore, questa riproduce una teoria probabilistica classica (che obbedisce agli assiomi classici di Kolmogorov), mentre nel limite opposto di un'ignoranza completa circa la natura dell'interazione I_x selezionata, si ottiene la tipica struttura probabilistica (non-kolmogoroviana) della meccanica quantistica.

Inoltre, come già menzionato, è possibile mettere in evidenza situazioni intermedie, a metà strada tra quella classica del completo controllo dell'interazione, e quella quantistica di una completa assenza di controllo dell'interazione. Queste situazioni mediane, *simil-quantistiche*, descrivono regimi osservativi molto più generali, impossibili da descrivere nell'ambito del formalismo ristretto della meccanica quantistica convenzionale, e indubbiamente più idonei nel rendere conto delle diverse articolazioni possibili tra le innumerevoli entità che popolano la nostra realtà.

7. Effimerità

Prima di passare alla terza domanda, quella relativa alla natura delle entità quantistiche microscopiche, che è poi la domanda che nasconde il vero mistero, è importante spendere qualche parola in più circa la caratterizzazione di un processo di osservazione di tipo quantistico.

Quello che abbiamo sin qui messo in evidenza tramite l'esempio paradigmatico dell'osservazione del mancinismo, è che un'osservazione di tipo quantistico prevede un meccanismo di *rottura di simmetria*, che seleziona in modo non controllabile (e quindi non conoscibile) una specifica interazione tra l'entità osservata e lo strumento osservatore. In altre parole, è possibile affermare che ogni singolo processo osservativo di una proprietà quantistica rappresenti di fatto un'intera collezione di possibili processi osservativi (di possibili misure), e che all'insaputa dell'osservatore uno solo di questi processi venga di fatto selezionato, andando a determinare uno specifico esito. In linguaggio tecnico, questo primo ingrediente delle osservazioni di tipo quantistico viene denominato *osservazione prodotto*, o *test prodotto*.

Il secondo ingrediente che emerge dall'analisi dell'elastico è l'*aspetto creazione*. È evidente che la proprietà del mancinismo sia solo una proprietà *potenziale* prima dell'atto osservativo, che potrà divenire *attuale* solo in seguito ad esso, a seconda del tipo di interazione che si produrrà tra le mani dello sperimentatore e l'elastico. Per dirla più semplicemente, ordinariamente una tale proprietà non è attribuibile (nel senso *attuale* del termine) a un elastico quando questo si trova nella sua condizione abituale. Infatti, per un elastico quella del mancinismo è una proprietà eccezionale, che è necessario creare appositamente, per mezzo di una procedura non-ordinaria, associata a una domanda altrettanto non-ordinaria. Ed è la procedura attraverso la quale la domanda circa il mancinismo viene implementata in termini pratici (cioè operazionali), che è responsabile della creazione eventuale del mancinismo stesso.

Esiste anche un terzo ingrediente, che in un certo senso è una logica conseguenza del summenzionato "aspetto creazione" in relazione alle proprietà non-ordinarie, cioè alle proprietà non ordinariamente possedute da un'entità. Questo terzo ingrediente è quello del carattere *effimero* delle osservazioni di tipo quantistico. Con il termine "effimero" intendo qui il fatto che la proprietà che viene (eventualmente) *posta in essere*, cioè resa *attuale*, dall'atto osservativo, ridiventa *potenziale* al termine di quest'ultimo, cioè viene in ultimo "distrutta" (de-attualizzata).

Per capirci meglio, consideriamo ancora una volta l'esperimento del mancinismo. Supponiamo di aver creato il mancinismo dopo avere rotto con le due mani l'elastico. Questa condizione di *mancinismo manifesto* rimane tale solo fino a quando viene mantenuta la *relazione* specifica tra le mani dello sperimentatore e i due frammenti dell'elastico, cioè fintanto che la mano sinistra regge il frammento più lungo e quella destra il frammento più corto (vedi la Figura 14).

Infatti, è nella manifestazione di tale *proprietà relazionale* che il mancinismo dell'elastico diviene *attuale*. D'altra parte, non appena lo sperimentatore-osservatore lascia cadere i frammenti dell'elastico (vedi la Figura 18), questo immediatamente perde la proprietà relazionale del mancinismo, che nuovamente diviene una proprietà genuinamente potenziale, non più manifesta.

Ricordiamoci che la procedura osservativa del mancinismo, così come l'abbiamo definita, si applica anche a un elastico formato da più frammenti separati. Quindi, una volta persa la relazione con le mani dello sperimentatore, questi per osservare nuovamente il mancinismo (o il destrimanismo) dovrà raccogliere il frammento più lungo, nuovamente romperlo secondo la procedura, e osservare se il frammento più lungo si trova ancora una volta nella mano sinistra (o destra).

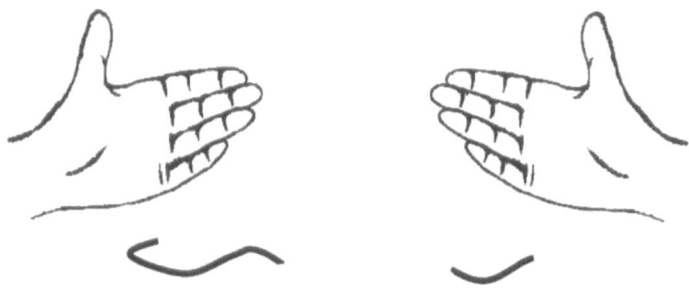

Figura 18. *Non appena le mani dello sperimentatore-osservatore lasciano cadere i frammenti di elastico, la proprietà del mancinismo, così come è stata creata, viene distrutta (de-attualizzata).*

Per farla breve, al termine *completo* di un'osservazione (che nella fattispecie significa avere lasciato cadere i frammenti di elastico), il mancinismo sparisce dalla nostra vista, cioè dal nostro *spazio osservativo*, e per riosservarlo sarà necessario ricrearlo, tramite un nuovo processo osservativo la cui natura è però del tutto imprevedibile.

Ora, questo carattere *effimero* del mancinismo lo ritroviamo tal quale anche nell'osservazione delle proprietà delle entità microscopiche, come ad esempio la *localizzazione spaziale* di un elettrone. Questa può essere messa in evidenza (sebbene in modo non deterministico) tramite l'interazione dell'elettrone con un apposito strumento di misura (ad esempio uno schermo rilevatore), tramite la creazione con quest'ultimo di una specifica *relazione*.

Ma come evidenziato dal formalismo stesso della teoria quantistica, l'esito di una successiva osservazione della localizzazione dell'elettrone (separata da un intervallo di tempo finito rispetto alla precedente) sarà nuovamente non predeterminabile, a dimostrazione del fatto che la proprietà di possedere una localizzazione specifica non viene acquisita in modo stabile da quest'ultimo, ma necessita in generale di essere ricreata ad ogni successiva osservazione.

Quindi, riassumendo, possiamo concludere grazie all'analisi

dell'esempio paradigmatico del mancinismo, che le seguenti tre proprietà caratterizzano un atto osservativo di tipo quantistico, e spiegano l'origine, in meccanica quantistica, del fantomatico "effetto osservatore":[29]

(a) Meccanismo di *rottura di simmetria* (*non direttamente controllabile dall'osservatore*) che seleziona una tra le diverse interazioni possibili tra l'entità osservata e lo strumento osservativo.

(b) *Processo invasivo di creazione* della proprietà osservata, che non esiste (non è attuale) prima dell'atto osservativo.

(c) Natura *effimera* della proprietà creata, che ridiventa potenziale al termine dell'osservazione.[30]

---

[29] In realtà, si può dimostrare che la terza proprietà non è realmente indipendente dalle prime due, ma di fatto è una conseguenza delle stesse. Vedi: Sassoli de Bianchi, M. "God may not play dice, but human observers surely do." Foundations of Science 20, pp. 77–105 (2015).

[30] Questo a causa della *natura puramente relazionale* della proprietà in questione, che necessita della creazione di una specifica relazione, con uno specifico sistema osservatore, per poter essere attualizzata.

8. IL (VERO) RUOLO DELL'OSSERVATORE

Naturalmente, molto si potrebbe (e dovrebbe) aggiungere circa la natura di un processo osservativo quantistico, ma nei limiti dello spazio e della logica espositiva di questo libricino non mi è ovviamente possibile entrare maggiormente nel dettaglio di tale analisi.

Il lettore attento avrà ben presente che è rimasta ancora aperta la terza domanda che ci eravamo posti, che di fatto contiene il vero mistero circa la natura delle entità microscopiche che popolano il nostro mondo fisico. Infatti, se è vero che non abbiamo modo di attribuire in modo stabile alle entità del micromondo quelle proprietà che sono invece proprietà intrinseche delle entità macroscopiche – come ad esempio possedere una posizione, o una velocità – come possiamo sperare di comprenderne la natura?

Prima di rispondere a tale fondamentale interrogativo, e sollevare un lembo del velo che avvolge le entità del micromondo, è importante, sulla base della precedente analisi, fare il punto della situazione circa il ruolo effettivo dell'osservatore. Quello che possiamo affermare, considerando l'esperimento del mancinismo come archetipo di un processo di osservazione-misurazione quantistico (dove una proprietà potenziale viene posta in essere in modo del tutto imprevedibile, quale conseguenza dell'azione invasiva dello sperimentatore sul sistema osservato) è quanto segue.

Non è assolutamente necessario, alfine di spiegare le probabilità quantistiche e il processo di selezione che esse sottendono, scomodare la mente dello sperimentatore. *Non esiste un effetto osservatore quantistico di natura psicofisica*, cioè un effetto causato dall'azione della mente immateriale dell'osservatore sul sistema materiale osservato, quanto piuttosto un *effetto dello strumento di osservazione* usato dall'osservatore, che potrà essere sia un macchinario impiegato per estenderne le capacità osservative, sia il suo stesso corpo, come nel caso degli esperimenti sul mancinismo degli elastici.

Per evitare possibili fraintesi, è bene sottolineare che sebbene la meccanica quantistica, secondo l'analisi qui proposta, non consenta di dedurre un'azione diretta della psiche dell'osservatore sui sistemi osservati, questo ovviamente non significa che quando un osservatore umano si concentra mentalmente su determinati aspetti del reale, questa sua attenzione (che potrebbe ad esempio essere mirata all'ottenimento di uno specifico risultato) non abbia alcuna influenza su tali aspetti. In altre parole:

Il fatto che un'azione diretta della coscienza sulla materia-energia non sia un ingrediente necessario alfine di spiegare l'osservazione in fisica quantistica non significa che una tale azione sia necessariamente impossibile.

Una tale conclusione costituirebbe un chiaro errore di ragionamento, così come sarebbe errato ritenere (come spesso fanno alcuni parapsicologi) che una conferma sperimentale dell'effetto PK (psicocinesi) su un sistema microscopico debba per forza di cose significare che il ragionamento di von Neumann circa l'interpretazione psicofisica del processo osservativo quantistico sia allora corretta.[31]
Come già ricordato, esiste una notevole mole di dati a sostegno dell'ipotesi di un'interazione tra la mente e la materia-energia,[32] sebbene l'interpretazione di questi dati sia a tutt'oggi ancora

---

[31] Radin, D. et al. "Consciousness and the double-slit interference pattern: Six experiments." Physics Essays 25, pp. 157–171 (2012); Sassoli de Bianchi, M. "Quantum measurements are physical processes. Comment on 'Consciousness and the double-slit interference pattern: Six experiments', By Dean Radin et al. [Physics Essays 25, 157 (2012)]". Physics Essays 26, pp. 15–20 (2013).
[32] Vedi ad esempio: Krippner, S. and Friedman, H. L., Editors. *Debating Psychic Experience: Human Potential or Human Illusion?* Praeger (2010); e le referenze ivi citate.

controversa. Non è quindi possibile escludere a priori l'esistenza di meccanismi, ancora tutti da elucidare, che spiegherebbero la possibilità di una tale "azione sottile". Ma il punto della presente discussione è che questi meccanismi, qualora esistessero, non sarebbero riconducibili ai contenuti dell'attuale teoria quantistica, non direttamente se non altro.

Quello che invece la fisica quantistica ha indubbiamente messo in evidenza è l'esistenza di un certo numero di pregiudizi circa la nostra comprensione del concetto stesso di osservazione.

> *Osservare non è (sempre) un'attività neutra, ma un'attività che può comportare sia elementi di scoperta che elementi di creazione (o distruzione).*

Solitamente, siamo abituati a pensare all'osservazione unicamente in termini di *scoperta*, cioè come a uno strumento che ci permette di scoprire le cose che già esistono "là fuori". D'altra parte, per quanto la più parte degli esseri umani ben comprenda che cosa sia un processo creativo, o distruttivo, questo non viene solitamente considerato in relazione al processo osservativo.

Generalmente, si è concordi nel ritenere che un processo osservativo possa comportare un certo elemento di *disturbo*, in quanto è evidente che la condizione *sine qua non* perché vi sia osservazione è che il sistema osservatore interagisca in qualche modo con il sistema osservato. D'altra parte, vi sono sistemi che emettono spontaneamente informazioni verso l'esterno, come è il caso ad esempio di una sorgente di luce, quindi vi sono situazioni osservative dove il disturbo è per definizione nullo (si parla allora di osservazioni perfettamente *non invasive*).

D'altra parte, secondo il *pregiudizio classico*, dovrebbe essere sempre possibile rendere il disturbo arbitrariamente piccolo (usando strumenti osservativi sempre più sensibili e sempre meno invasivi) e quindi in ultima analisi ridurre ogni processo osservativo a un processo di pura scoperta. L'esempio dell'osservazione del mancinismo di un elastico smentisce però palesemente un tale credo.

Naturalmente, si tratta qui di accordarci sulla definizione che si vuole attribuire al termine di "osservazione". Possiamo sia estendere tale concetto, inglobando nell'atto osservativo anche la possibilità della creazione o distruzione delle proprietà osservate, sia descrivere tale possibilità con termini differenti. Se così facciamo però, rischiamo di trovarci in situazioni semanticamente scomode, nella descrizione di determinati processi.

Per fare un esempio, consideriamo un semplice *fiammifero*, e chiediamoci che cosa signifiсhi *osservarne l'accendibilità*. Ci auguriamo sia chiaro a tutti che c'è un solo modo di osservare l'accendibilità di un fiammifero: sfregarlo e vedere se si accende e brucia. Ma è altresì chiaro che l'osservazione dell'accendibilità di un fiammifero *distrugge* a sua volta tale proprietà, poiché come è noto i fiammiferi già accesi (una volta spenti) non sono più dei fiammiferi accendibili! (Vedi la Figura 19).

fiammifero
accendibile

fiammifero *acceso*
non più accendibile

Figura 19. *È importante distinguere i fiammiferi accendibili dai fiammiferi già accessi, poiché non possiedono le stesse proprietà.*[33]

In ultima analisi, le nostre osservazioni altro non sono che dei *test* che noi eseguiamo, spesso a nostra insaputa, circa le proprietà possedute (o possedibili) dalle diverse entità che popolano la nostra realtà. Quando osserviamo gli alberi,

---

[33] L'autore ricorda ancora con sorpresa quando, alla Scuola di Fisica dell'Università di Ginevra, udì per la prima volta *Constantin Piron*, mentre gesticolava alla lavagna, mettere solennemente in guardia i suoi studenti del corso di meccanica quantistica, circa il pericolo di confondere i *gessi rompibili* dai *gessi rotti*!

passeggiando in una foresta, altro non stiamo facendo se non testare la loro presenza, la loro posizione spaziale, il loro colore, ecc. In questo caso ovviamente, il test sotteso dal nostro processo osservativo è totalmente non invasivo (poiché gli alberi, nel loro stato abituale, riflettono spontaneamente la luce solare), e le proprietà osservate sono proprietà intrinseche all'oggetto, nel senso di proprietà osservabili allo stesso modo (o in modo prospetticamente equivalente) da ogni altro osservatore (passeggiatore della foresta).

Ma in altri ambiti, il processo osservativo può facilmente creare quelle stesse proprietà che si propone di osservare. Il punto è: *ne siamo consapevoli, oppure questo avviene a nostra insaputa?*

Nel caso dell'osservazione delle entità quantistiche, l'aspetto creazione si è indubbiamente rivelato a noi inizialmente a nostra insaputa. Ecco perché siamo rimasti così sorpresi dai risultati delle nostre misure, quando ci siamo interessati alle entità microscopiche, ed ecco perché sono molti i fisici che non hanno lesinato i loro sforzi cognitivi per riuscire a ricondurre le osservazioni quantistiche a dei processi di pura scoperta, come è il caso ad esempio dell'approccio dell'*onda pilota* di *Luis de Broglie*, susseguentemente rielaborato da *David Bohm*, o di quello della *decoerenza quantistica*, solo per citarne alcuni.[34]

---

[34] Non entrerò in questo scritto, per ovvie ragioni di spazio e di scopo, nell'analisi dei vantaggi e svantaggi di questi e di altri approcci, in relazione a una possibile soluzione alternativa del problema dell'osservazione quantistica (problema della misura). Per l'interpretazione di *Bohm*, rimando il lettore interessato alla breve discussione in: Aerts, D. "*The Stuff the World is Made of: Physics and Reality.*" In: *The White Book of 'Einstein Meets Magritte'.* Edited by: Diederik Aerts, Jan Broekaert and Ernest Mathijs, Kluwer Academic Publishers, Dordrecht, pp. 129–183 (1999). Per quanto attiene invece all'interpretazione della *decoerenza* (oggi molto diffusa tra i fisici), ricordo unicamente che essa non risolve realmente il problema dell'origine del meccanismo di selezione che produce il passaggio dalle probabilità alle attualità, ma lo sposta unicamente dal sistema all'ambiente circostante. Tra gli approcci più noti, posso ancora ricordare l'esotica *interpretazione a molti mondi*, ipotizzata da *Hugh Everett III*, l'interpretazione

transazionale di *John Cramer*, che introduce l'esistenza di processi in grado di propagarsi a ritroso nel tempo, la meccanica quantistica *relazionale* di *Carlo Rovelli*, e le teorie del *collasso oggettivo*, come quella sviluppata dai fisici italiani *Giancarlo Ghirardi*, *Alberto Rimini* e *Tullio Weber*.

9. CREAZIONE E IMPREDICIBILITÀ

L'esempio dell'osservazione dell'accendibilità di un fiammifero è ovviamente di tipo distruttivo, così com'è distruttiva l'osservazione della *solidità* di un'automobile, nell'ambito di un tipico *crash-test*. Ma ovviamente, possiamo facilmente immaginare processi osservativi in grado di creare letteralmente (e stabilmente) le proprietà osservate. Facciamo un esempio.

Consideriamo un piccolo oggetto solido, di forma qualsiasi, fatto di un materiale non elastico, e supponiamo di volere *osservare la sua incompressibilità*, che ai fini della presente discussione definiremo nel modo seguente:

> *Protocollo osservativo dell'incompressibilità*: prendete l'oggetto solido e sottoponetelo all'azione di una pressa in grado di esercitare una pressione di *10'000 pascal*. Se in seguito all'azione della pressa il volume dell'oggetto non si è ridotto più dell'*1%*, allora è per definizione *incompressibile*, altrimenti possiede la proprietà inversa, della *compressibilità*.

Naturalmente, quando effettuiamo l'osservazione, cioè quando sottoponiamo l'oggetto in questione all'azione della pressa, il risultato dell'azione potrà essere sia positivo (il volume si riduce in percentuale meno dell'*1%*) sia negativo (il volume si riduce in percentuale più dell'*1%*), a seconda del tipo di materiale e della forma dell'oggetto.

Nel caso in cui l'esito dell'osservazione è positivo, possiamo concludere che abbiamo effettivamente osservato l'*incompressibilità* dell'oggetto. Tuttavia, non possiamo certo affermare di aver creato la proprietà dell'incompressibilità tramite il processo osservativo, in quanto tale proprietà era evidentemente già posseduta dall'oggetto ancora prima della sua osservazione.

Che cosa possiamo dire invece del caso in cui la riduzione del volume risulta essere superiore all'*1%*? Ovviamente, poiché l'esito dell'osservazione è negativo, abbiamo in questo caso mancato di osservare l'incompressibilità dell'oggetto, avendo invece confermato la sua *compressibilità* (vedi la Figura 20).

Figura 20. *L'esito negativo dell'osservazione dell'incompressibilità (che coincide con l'esito positivo dell'osservazione della compressibilità) corrisponde a una riduzione del volume dell'oggetto superiore all'1%.*

D'altra parte, dobbiamo altresì concludere che in seguito all'osservazione l'entità ha di fatto acquisito la proprietà dell'incompressibilità. Invero, se decidessimo di realizzare nuovamente il test osservativo, possiamo predire con certezza che il suo esito sarebbe questa volta positivo! Questo perché per osservare concretamente l'incompressibilità dell'oggetto abbiamo dovuto comprimerlo, e un oggetto non elastico, una volta compresso, diviene automaticamente incompressibile (secondo la nostra definizione di incompressibilità). In altre parole, dobbiamo concludere che *il processo osservativo ha creato quella stessa proprietà che si poneva di osservare!* (Vedi la Figura 21).

Figura 21. *Un oggetto precedentemente compresso diviene incompressibile.*

La cosa può sembrare un po' bizzarra: la mancata osservazione dell'incompressibilità ha come effetto la creazione dell'incompressibilità! Naturalmente, è possibile immaginare esempi in cui l'osservazione non necessariamente deve risultare negativa per poter creare ciò che viene osservato. Qui però dobbiamo intenderci su che cosa intendiamo esattamente con il termine "creare".

Infatti: *una cosa è creare una proprietà e un'altra è semplicemente metterne in evidenza l'esistenza!* A volte il processo di messa in evidenza dell'esistenza di una proprietà può essere interpretato al pari di un processo creativo, sebbene a rigore di logica non andrebbe considerato tale. Questa possibile confusione nasce dal fatto che abbiamo tendenza a considerare le proprietà delle entità fisiche in termini *statici*, anziché *dinamici*.[35]

Per capire meglio che cosa intendo dire con questo, consideriamo ancora una volta l'esempio del fiammifero, il quale, è evidente, possiede la proprietà di essere accendibile anche prima che l'osservatore decida di osservarla, sfregandolo su una superficie adeguata. *Ma per quale ragione possiamo affermare che un fiammifero intatto possieda tale proprietà?*

Semplicemente perché siamo in grado di *predire con assoluta certezza* che, se sfregassimo il fiammifero, questo prenderebbe

---

[35] Baltag, A. and Smets, S., *Quantum logic as a dynamic logic.* Synthese 179: pp. 285–306 (2011).

fuoco. È sulla base di questa certezza, nella previsione dell'esito dell'esperimento osservativo, che possiamo decretare che il fiammifero *possiede in atto* l'accendibilità, anche quando non è stato ancora acceso. Per usare la terminologia di Einstein, l'accendibilità è un *elemento di realtà* del fiammifero, che esiste a prescindere dalla nostra azione osservativa.

Consideriamo un altro esempio, preso a prestito dalla psicologia umana. È noto che esistono persone le quali, per un certo periodo della loro vita (o per tutta la vita), possiedono la proprietà della *suscettibilità*. Possiamo definire tale proprietà come un'eccessiva reattività emotiva della persona quando questa riceve un giudizio critico. Naturalmente, una persona suscettibile non manifesterà la sua suscettibilità in ogni circostanza, ma unicamente quando confrontata con un giudizio.

Si potrebbe allora essere tentati di dire che la suscettibilità viene creata solo all'occasione di un giudizio, e che al di fuori di tali circostanze la proprietà non sarebbe attribuibile alla persona. Ma si tratterebbe di un errore logico. *Dobbiamo infatti distinguere una proprietà dall'esito di un esperimento osservativo che ne confermerebbe l'attualità.* La suscettibilità di una persona suscettibile è una proprietà che tale tipologia di persona possiede sempre, in modo stabile, indipendentemente dal fatto che questa sia o meno osservata concretamente, per mezzo di un test osservativo adeguato.

Il punto cruciale in tutto ciò è la *determinabilità* del comportamento della persona. Come già osservato da Einstein e dai suoi due collaboratori, *Boris Podolsky* e *Nathan Rosen*, nel loro celebre articolo del *1935*,[36] e in seguito da Piron, Aerts e altri ancora:

> *L'attribuzione di una proprietà a un'entità fisica (nel senso che la proprietà è attuale per tale entità) è equivalente alla possibilità di predire con certezza (se non altro in linea di principio) l'esito positivo del test osservativo corrispondente.*

---

[36] Einstein, A., Podolsky, B., e Rosen, N. "Can Quantum-Mechanical Description of Physical Reality Be Considered Complete?" Phys. Rev., 47, pp. 777-780 (1935).

Quindi, se la persona suscettibile è tale, lo è perché se decidessimo di esprimere un giudizio critico nei suoi confronti, siamo in grado di predire con certezza che la sua reazione emotiva risulterebbe eccessiva. Perciò, quando osserviamo la suscettibilità non la stiamo in realtà creando, ma solo confermando.

Naturalmente, la certezza della previsione è essenziale ai fini dell'attribuzione di una proprietà. In termini generali, consideriamo un'entità S e un'interazione I tra S e lo strumento M che compie l'osservazione. Supponiamo che ogni volta che si produce l'interazione I tra S e M, immancabilmente si verifichi l'esito O. Questo significa, semplicemente, che S possiede la proprietà A di produrre O ogniqualvolta interagisce con M secondo l'interazione I. E, ovviamente, S possiede tale proprietà A anche quando non interagisce con M.

Questa lunga digressione ha come scopo quello di evidenziare che in ultima analisi le proprietà possedute da un sistema fisico sono enunciati di tipo *dinamico*, nel senso che corrispondono al modo in cui un sistema reagisce quando sollecitato ad interagire con altri sistemi, secondo modalità predeterminate. Queste interazioni sottese dai processi osservativi potranno, a seconda delle loro caratteristiche, modificare anche profondamente lo stato del sistema, ma questo non significa necessariamente che l'osservazione abbia creato la proprietà osservata.

Per chiarire maggiormente questo aspetto, concettualmente sottile, consideriamo nuovamente il mancinismo precedentemente definito, che ora denomineremo in modo più preciso *mancinismo-1*, per distinguerlo dal *mancinismo-2* che mi appresto a definire. La procedura osservativa del mancinismo-2 è molto semplice ed è la seguente:[37]

---

[37] Per questioni didattiche, la presente definizione di mancinismo-2 differisce leggermente da quella inizialmente proposta in: Sassoli de Bianchi, M. "God may not play dice, but human observers surely do." Foundations of Science 20, pp. 77–105 (2015).

Protocollo osservativo del mancinismo-2: prendete l'elastico (o il frammento più lungo dell'elastico, nel caso questo fosse già rotto) e con una *forbice* tagliatelo esattamente in due pezzi, di modo che uno dei due frammenti sia visibilmente più lungo dell'altro (vedi la Figura 22). Quindi, se l'elastico è nero, afferrate il frammento più lungo con la mano sinistra e il frammento più corto con la mano destra; se invece l'elastico è bianco, o di ogni altro colore, fate il contrario. Dopodiché, prendete semplicemente nota in quale mano si trova il frammento più lungo: se è in quella sinistra, allora l'elastico è per definizione *mancino di tipo 2*, altrimenti *destrimano di tipo 2*.

La differenza tra mancinismo-1 e mancinismo-2 ci permette di chiarire in che senso un processo osservativo quantistico è in grado di creare, letteralmente, la proprietà osservata. Infatti, è evidente che l'osservazione del mancinismo-2, per quanto anch'essa comporti la rottura dell'elastico e la creazione di una specifica relazione tra i suoi frammenti e le mani dello sperimentatore, non per questo potrà essere considerata un processo tramite il quale la proprietà osservata viene realmente creata.

Invero, è assolutamente possibile predire in anticipo e con certezza, senza disturbare l'entità-elastico, quale sarà l'esito dell'esperimento, poiché per definizione gli elastici neri possiedono tutti la proprietà del mancinismo-2, mentre gli elastici bianchi, o di ogni altro colore, quella del destrimanismo-2.

Lo stesso però non possiamo dire del mancinismo e destrimanismo di tipo 1. In questo caso non abbiamo modo di predire l'esito dell'esperimento osservativo, ed è per questo che, in ultima analisi, possiamo affermare che tale osservazione crea letteralmente la proprietà osservata, ossia che il mancinismo-1 (o destrimanismo-1) non è posseduto in senso attuale dall'elastico prima della sua osservazione, ma solo in senso *genuinamente potenziale*. E in tal senso possiamo affermare che esiste un collegamento fondamentale tra il concetto di *creazione* e quello di *impredicibilità*.

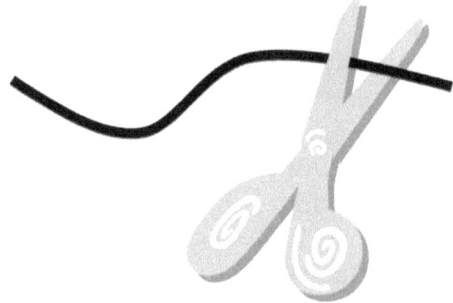

Figura 22. *Nel processo osservativo del mancinismo-2, il punto di rottura (i.e., di taglio) dell'elastico, e la conseguente attribuzione dei due frammenti ottenuti alle mani dell'osservatore (in funzione del colore dell'elastico) sono interamente sotto il controllo direttivo di quest'ultimo.*

10. IL VERO MISTERO: LA NON-SPAZIALITÀ

Siamo giunti all'ultima parte della nostra riflessione. Quello che abbiamo messo in evidenza è che la possibilità di predire con certezza l'esito di un'osservazione (e attribuire di conseguenza, stabilmente, la corrispondente proprietà all'entità osservata) dipende dalla definizione stessa (in senso operazionale del termine) del processo osservativo, in relazione all'entità osservata.

Nel caso del manicinismo-2, il processo osservativo è per definizione interamente sotto il controllo dello sperimentatore, quindi l'esito dello stesso è prevedibile in ogni momento con certezza (purché si conosca in modo completo lo stato del sistema, nella fattispecie il colore dell'elastico). Nel caso del mancinismo-1 invece, il modo in cui è concepito il processo osservativo preclude a priori tale possibilità di controllo, e pertanto comporta un'irriducibile imprevedibilità del suo esito.

In altre parole, per usare il gergo tipico della fisica quantistica, lo stato di un elastico di colore nero (rispettivamente, di colore non-nero) è descrivibile sia come *stato proprio* del processo osservativo del mancinismo-2 (rispettivamente, del destrimanismo-2), sia come *stato di sovrapposizione* in relazione ai processi osservativi del mancinismo-1 e destrimanismo-1 (indipendentemente dal colore).

Infatti, dal momento che un elastico possiede sempre in atto il suo specifico colore, possiede anche in atto il mancinismo-2 (se è nero), o il destrimanismo-2 (se è non-nero); quindi, si trova sempre in uno stato proprio (di non sovrapposizione) rispetto a queste due proprietà mutualmente esclusive. D'altra parte, poiché un elastico non può possedere in atto (salvo circostanze specifiche, di natura effimera) il mancinismo-1, o il destrimanismo-1, in relazione a queste due proprietà (anch'esse mutualmente esclusive) si trova generalmente in uno stato di sovrapposizione, nel senso che le "possiede" entrambe, congiuntamente, *ma solo in senso potenziale*, cioè nel senso che entrambe sono sempre potenzialmente attuabili, sebbene non contemporaneamente attuabili.

La differenza cruciale tra queste due situazioni risiede, come ribadito, nella possibilità o meno di operare un pieno *controllo* su ogni aspetto dell'interazione tra il sistema osservato e il sistema osservatore. A questo punto, alla luce dell'analogia profonda che ci viene offerta dalla "fisica degli elastici", possiamo porci la seguente domanda, ad esempio in relazione alla localizzazione spaziale di un elettrone (o di qualsivoglia altra entità microscopica):

> *Considerando che le probabilità quantistiche non possono essere attribuite a una mancanza di conoscenza circa lo stato specifico in cui si troverebbe l'elettrone prima dell'osservazione, e che non è possibile predire in anticipo, con certezza, nemmeno in linea di principio, la specifica localizzazione spaziale dello stesso, cosa possiamo concludere circa la spazialità di tale entità microscopica?*

Secondo la logica della nostra analisi, siamo costretti a concludere che:

> *La localizzazione spaziale di un elettrone non è una proprietà pre-esistente alla sua osservazione; pertanto, contrariamente agli oggetti ordinari macroscopici, un elettrone non è un'entità solitamente presente nel nostro spazio tridimensionale.*

In altre parole, un elettrone non possiede in atto, salvo nel momento in cui viene rilevato da uno strumento di osservazione, una localizzazione specifica, così come un elastico non possiede in atto una specifica *lateralizzazione* (di tipo 1), salvo quando questa viene attualizzata (creata), ancorché in modo effimero, tramite un'osservazione. Questo semplicemente perché, come già ribadito, non c'è modo di prevedere con certezza la sua localizzazione, quindi viene meno il criterio stesso di esistenza di tale proprietà.[38]

È importante a questo punto operare un distinguo tra il concetto di "essere *presenti* in una regione dello spazio" e il concetto di "essere *rilevabili* in una regione dello spazio". Infatti, la non-spazialità delle entità microscopiche, cioè la loro *non-località* spaziale, non implica l'impossibilità della loro rilevazione spaziale (vedi la Figura 23).

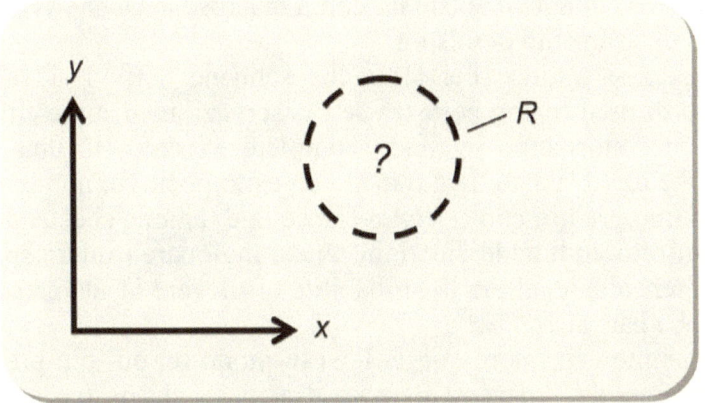

Figura 23. *Per quanto un'entità microscopica sia in generale sempre rilevabile in qualsiasi regione R dello spazio, con una certa probabilità, non per questo è possibile concludere che prima della sua rilevazione fosse presente in tale regione.*

---

[38] Questo ad esempio a causa del *principio di indeterminazione di Heisenberg*, che impedisce di determinare contemporaneamente sia la posizione dell'elettrone, sia il modo in cui tale posizione varia localmente nel tempo, cioè la sua velocità. E non potendo determinare congiuntamente la posizione e la velocità dell'entità microscopica, viene meno la possibilità di risolvere le *equazioni classiche del moto*, che permetterebbero di determinare la traiettoria spaziale che l'entità percorre nel tempo, quindi le sue successive posizioni. Questo non essendo possibile, il concetto stesso di traiettoria spaziale dell'entità microscopica viene meno. Naturalmente, vi sono numerose altre ragioni per concludere circa la *non-spazialità* delle entità microscopiche, che non posso però evocare in questa sede, per non allungare oltremodo questo libricino.

Le entità microscopiche attualmente note, come gli elettroni, i protoni, i neutroni, gli atomi, ecc., pur essendo non-spaziali, sono nondimeno *pienamente disponibili nel relazionarsi con le entità macroscopiche che formano il nostro spazio ordinario tridimensionale*, nel senso che sono sempre disponibili nel manifestare la loro presenza – per quanto effimera – in tale spazio, nell'ambito di un processo osservativo, cioè nell'ambito di una loro interazione con un'entità macroscopica che svolge il ruolo di strumento di misura.

Questo si traduce nel fatto che sebbene non vi sia alcun modo di predire con certezza se l'osservazione di un elettrone (di cui conosciamo in modo completo lo stato) in una data regione dello spazio darà o meno un esito positivo, nondimeno possiamo predire con certezza che se tale regione si estendesse all'infinito, in tutte le direzioni, fino a inglobare l'intero spazio tridimensionale, allora la probabilità di rilevare la sua presenza sarebbe pari al *100%*.[39]

Possiamo esprimere questa idea in modo un po' più preciso partizionando lo spazio fisico tridimensionale in due regioni arbitrarie: R_S (regione di sinistra) e R_D (regione di destra), separate ad esempio da un piano infinito bidimensionale (stiamo facendo qui un cosiddetto *gedankenexperimente*, vale a dire un *esperimento di pensiero*; vedi la Figura 24). Possiamo allora definire la proprietà di *localizzazione in R_S* (rispettivamente, di *localizzazione in R_D*) di un elettrone come la proprietà dello stesso di essere rilevabile a colpo sicuro in R_S (rispettivamente, in R_D).

Ci troviamo qui in una situazione del tutto simile a quella dell'esperimento sul mancinismo (di tipo 1) di un elastico. Infatti, così come un elastico è disponibile al *100%* nel relazionarsi con entrambe le mani dell'osservatore, onde manifestare sia il mancinismo-1, sia il destrimanismo-1, allo

---

[39] Nel formalismo matematico della teoria, questo fatto viene espresso dalla cosiddetta *condizione di normalizzazione della funzione d'onda* che descrive lo stato dell'elettrone, ossia nel fatto che i *vettori di stato* appartenenti al già citato *spazio di Hilbert* sono tutti di lunghezza unitaria.

stesso modo un elettrone è disponibile al *100%* nel relazionarsi con entrambe le regioni spaziali R_S e R_D (più precisamente, con i rilevatori posizionati in esse), onde manifestare sia la proprietà di localizzazione in R_S, sia la proprietà di localizzazione in R_D.

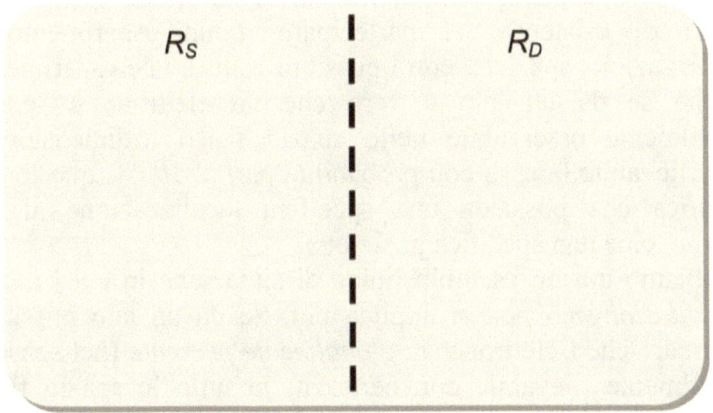

Figura 24. *Rappresentazione simbolica (bidimensionale) dello spazio fisico tridimensionale, partizionato in due regioni distinte (linea tratteggiata): regione di sinistra, R_S, e regione di destra, R_D.*

La localizzazione viene però letteralmente *creata* nel momento stesso della sua osservazione, e pertanto non ha senso affermare che prima dell'osservazione l'elettrone fosse di fatto già presente in una delle due regioni. L'unica cosa che possiamo affermare è che si trovava *potenzialmente* in entrambe le regioni, così come un elastico è potenzialmente sia mancino che destrimano (di tipo 1).

Ma di certo non possiamo affermare che l'elettrone, prima dell'osservazione, si trovasse *attualmente* nelle due regioni, poiché questo significherebbe che sarebbe rilevabile con certezza, simultaneamente, in entrambe le regioni, quando invece un elettrone manifesta, quando osservato, una sola localizzazione spaziale alla volta (così come l'esperimento del mancinismo può dare un esito positivo o negativo, ma non entrambi gli esiti contemporaneamente).

Ora, così come non dobbiamo confondere la piena disponibilità di un elastico (per il fatto stesso di esistere) nel partecipare a un esperimento sul mancinismo-1, con i possibili esiti di tale esperimento, allo stesso modo non dobbiamo confondere la piena disponibilità di un elettrone (per il fatto stesso di esistere) nel partecipare a un esperimento di localizzazione spaziale, con i possibili esiti di tale esperimento. Perché se da un lato è vero che un elettrone è sempre globalmente osservabile nello spazio fisico tridimensionale, cioè rilevabile in esso con probabilità pari al *100%*, questo non significa che possieda una specifica localizzazione al suo interno, cioè una specifica posizione.

Abbiamo qui un esempio tipico di situazione in cui l'*ipotesi del riduzionismo* non si applica più. Se da un lato possiamo affermare che l'elettrone sia *globalmente presente* (nel senso di globalmente rilevabile con certezza) in tutto lo spazio fisico tridimensionale, in ogni momento, dall'altro non possiamo per questo concludere che sia *localmente presente* in una delle sue regioni, cioè in una delle sue parti. Il che significa che la natura della relazione che l'elettrone intrattiene con la totalità dello spazio tridimensionale non è deducibile dalla sua relazione con le sue parti. Non in generale se non altro.

Qui ovviamente ci avviciniamo al vero mistero del mondo microscopico, che si rivela essere popolato da entità la cui natura *non-spaziale* è del tutto differente da quella delle entità macroscopiche degli oggetti del nostro quotidiano, e pertanto non può essere descritta e compresa allo stesso modo.

Quando abbiamo a che fare con delle entità microscopiche, come gli elettroni, la metafora che consiste nel pensare al nostro spazio fisico tridimensionale come a un *contenitore* non si applica più. O meglio, non si applica se consideriamo l'osservazione della localizzazione spaziale di un elettrone nel senso abituale di un processo tramite il quale questo rivelerebbe una presenza già acquisita in una determinata regione *R* dello spazio, e non come a un processo tramite il quale l'elettrone verrebbe in un certo senso *forzato* a manifestarsi in tale regione.

Con questo intendo dire che poiché un elettrone è pienamente disponibile nel manifestarsi *globalmente* nello spazio, è certamente possibile sfruttare questa sua disponibilità per conferire al suo processo di manifestazione una localizzazione prestabilita. Lo si può fare così come possiamo sfruttare la disponibilità di un elastico nel lasciarsi tagliare (in qualsiasi suo punto) per definire un concetto diverso di mancinismo (o destrimanismo), che abbiamo definito mancinismo-2, di cui è possibile predire l'esito osservativo a priori e corrisponde quindi a una proprietà stabilmente posseduta (o stabilmente non posseduta, a seconda del colore) da un elastico, anche prima della sua osservazione.

Per esempio, in linea di principio possiamo sempre applicare nella regione R_D un *campo di forza altamente repulsivo*, in modo che la probabilità dell'elettrone di essere rilevato in tale regione tendi a zero, nella misura in cui cresce l'intensità del campo repulsivo. In altre parole, aumentando la repulsività del campo nella regione R_D, diviene possibile accrescere proporzionalmente il *controllo* dell'osservatore sull'esperimento di rilevazione spaziale dell'elettrone nella regione R_S (vedi la Figura 25).

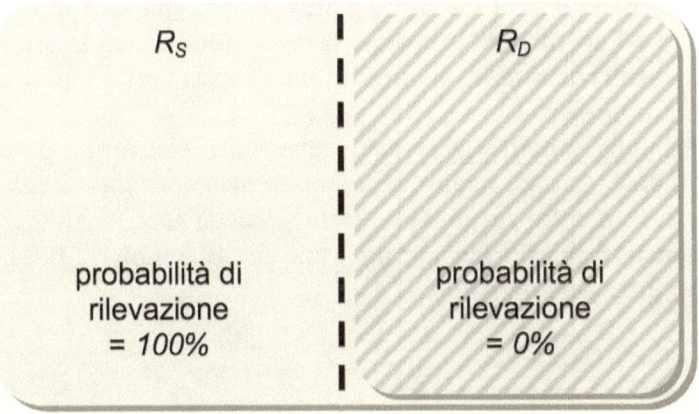

Figura 25. *L'applicazione di un campo di forza altamente repulsivo nella regione R_D impedisce all'elettrone di essere rilevato al suo interno.*

In altre parole, sulla falsa riga della definizione del mancinismo-2, possiamo definire la proprietà della *localizzazione-2* di un elettrone (e di ogni altra entità fisica) nel modo seguente:

> *Definizione della localizzazione-2*: un'entità fisica è detta possedere la proprietà della *localizzazione (spaziale) di tipo 2*, in una determinata regione R dello spazio, se è rilevabile a colpo sicuro (cioè con probabilità pari al *100%*) in quella regione, quando nella regione complementare viene applicato un campo di forza repulsivo, d'intensità virtualmente infinita.[40]

Secondo questa definizione, è del tutto lecito affermare che un elettrone possieda sempre in atto la proprietà della *localizzazione-2*, ad esempio nella regione R_S, poiché possiamo sempre predire con certezza che se effettuassimo l'esperimento osservativo corrispondente l'entità elettronica verrebbe immancabilmente rilevata (cioè localizzata) in R_S. Naturalmente, modificando la regione di applicazione del campo di forza repulsivo, ad esempio spostandolo dalla regione R_D alla regione R_S, l'elettrone perderebbe la sua localizzazione-2 in R_S e l'acquisirebbe invece in R_D, e in tal senso la proprietà della localizzazione-2 andrebbe più propriamente denominata *localizzabilità-2*.

Possiamo quindi affermare che un elettrone possiede certamente, sempre in atto, una *localizzazione (o localizzabilità) di tipo 2*, mentre in generale non possiede una localizzazione nel senso ordinario del termine, che per distinguerla possiamo denominare *localizzazione-1*.[41]

---

[40] Per evitare inutili complicazioni dovute ai meccanismi di creazione di antimateria da parte di un campo ad alta energia (*paradosso di Klein*), la presente discussione è limitata a un ambito puramente non relativistico.

[41] Un'entità fisica possiede una localizzazione (ordinaria) di tipo 1, se è presente con certezza in una determinata regione dello spazio, a prescindere dalla nostra osservazione, nel senso che è sempre possibile,

L'osservazione della localizzazione-2 è un processo che, come per l'osservazione del mancinismo-2, è interamente sotto il controllo dello sperimentatore, e pertanto l'esito del processo osservativo è predicibile con assoluta certezza. Questo significa che la localizzazione-2 è una proprietà che un'entità microscopica come un elettrone possiede stabilmente, cioè intrinsecamente, indipendentemente dal fatto che questa venga o meno osservata, cioè resa manifesta.

Essa esprime la piena disponibilità di tale entità (e di ogni altra entità microscopica conosciuta) nell'entrare in relazione con la struttura dello spazio tridimensionale nel suo complesso (e più esattamente con le entità macroscopiche che lo caratterizzano), quindi anche la sua piena disponibilità nel rimanere *confinata* in una specifica regione dello stesso (nel senso di essere rilevabile con certezza in tale regione), quando la sua manifestazione in ogni altra regione le viene preclusa.

Possiamo dunque asserire che la localizzazione-2 è una forma di localizzabilità spaziale di tipo più debole, posseduta dalle entità microscopiche, che sulla base della loro *relazionabilità* con lo spazio tridimensionale nel suo complesso consente loro di relazionarsi in modo esclusivo con una parte specifica di questo spazio, quando, attraverso una qualche forma di controllo attivo, la possibilità di relazionarsi con le altre parti viene loro impedita.

Ora, poiché relazionarsi con lo spazio tridimensionale significa, in ultima analisi, relazionarsi con le entità che lo popolano stabilmente, vale a dire con le entità macroscopiche che lo caratterizzano, la localizzazione-2 altro non è se non quella proprietà che consente a un'entità microscopica di *legarsi stabilmente* a un'entità macroscopica (vedi la Figura 26), cioè formare quello che viene solitamente denominato uno *stato legato*, acquisendo in questo modo la medesima localizzazione spaziale (di tipo 1) di quest'ultima.

In altre parole, quando un'entità microscopica si lega a un'entità macroscopica, cioè ne diviene una parte interconnessa, non solo rende manifesta la proprietà (già pre-esistente) della

---

in ogni momento, identificare una regione spaziale sufficientemente ampia, tale che l'entità sarebbe rilevabile con certezza al suo interno.

localizzazione-2, ma *de facto* acquisisce anche (cioè attualizza) la proprietà potenziale della localizzazione-1, posseduta dall'entità macroscopica. Esattamente così come un elastico, quando manifesta il mancinismo-2, ovviamente manifesta in quel medesimo istante, in un certo senso, anche il mancinismo-1, in quanto l'esito che determina il mancinismo-2 è lo stesso che determina il mancinismo-1.

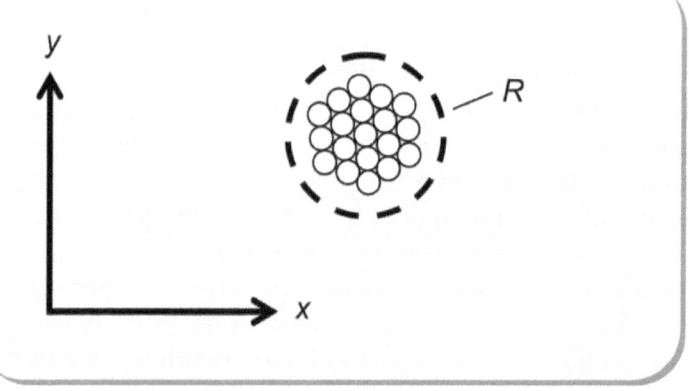

Figura 26. *Un corpo macroscopico è un aggregato di entità microscopiche (qui rappresentate impropriamente come corpuscoli) che possiede la proprietà della localizzazione-1 (nella fattispecie nella regione R). Lo stesso vale, in un certo senso, per i suoi componenti, se non altro fino a quando questi rimangono intimamente interconnessi.*

Quindi, possiamo affermare che le entità microscopiche sono entità che solitamente non possiedono la proprietà di appartenere allo spazio tridimensionale ordinario (*euclideo*), in quanto non possiedono in atto, stabilmente, la proprietà della localizzazione-1, che possiedono invece le entità macroscopiche. D'altra parte, poiché possiedono la proprietà della localizzazione-2, che in ultima analisi è espressione della loro piena disponibilità nel legarsi con specifiche entità macroscopiche, le entità microscopiche possono entrare e risiedere temporaneamente nello spazio fisico ordinario, sotto forma di *aggregati*.

Ma se un aggregato macroscopico possiede la proprietà di essere stabilmente presente a livello locale nello spazio tridimensionale, dobbiamo stare attenti a non pensare alle sue singole componenti come a delle entità che possiederebbero anch'esse la medesima proprietà. In questo caso, e contrariamente all'ipotesi del riduzionismo, non sono i costituenti microscopici a conferire a un corpo macroscopico la sua spazialità, ma l'inverso.

La spazialità del corpo macroscopico è infatti una proprietà *emergente*, che i singoli componenti possiedono solo fino a quando mantengono la loro specifica ed esclusiva interrelazione, ma che perdono non appena si separano, o vengono separati, dall'aggregato in cui si trovano.[42]

Naturalmente, possiamo osservare che così come le condizioni per la manifestazione della localizzazione-2 di un elettrone possono essere attuate in modo direttivo da un osservatore-sperimentatore umano (se non altro in linea di principio), tramite l'applicazione di specifici campi di forza, tali condizioni possono manifestarsi in natura anche senza l'intervento di una coscienza umana.

In altre parole, sebbene nella nostra precedente discussione

---

[42] Questo fatto, per quanto sconcertante per la nostra intuizione spaziale e corpuscolare, formatasi a partire da oggetti macroscopici, è comunque piuttosto naturale se si ragiona in termini più astratti: un aggregato, infatti, proprio perché tale, possiede necessariamente delle proprietà differenti rispetto ai suoi singoli componenti. Per fare un esempio del tutto elementare, un certo quantitativo di liquido formato dall'aggregazione di *1000* gocce d'acqua possiede ovviamente un volume *1000* volte maggiore rispetto al volume v di una singola goccia. In altre parole, il liquido, in quanto aggregato, è caratterizzato dalla proprietà di possedere un volume $V = 1000 \times v$, e tutte le gocce d'acqua che lo formano possiedono anch'esse, in un certo senso, tale proprietà, non essendo possibile dire nell'aggregato dove finisce una goccia e comincia l'altra. D'altra parte, se prese singolarmente, cioè se separate dal quantitativo di liquido, le singole gocce non partecipano più a tale proprietà.

abbiamo parlato di controllo o mancanza di controllo del processo osservativo da parte di uno sperimentatore umano, è ovvio che tale distinzione si applica anche in assenza di una coscienza umana, nel senso mentale del termine. Infatti, possiamo semplicemente distinguere i processi *indeterministici*, in cui è presente un meccanismo di "rottura di simmetria" sensibile alle più lievi fluttuazioni nel contesto ambientale, dai processi *deterministici*, che non sono invece sensibili a tali fluttuazioni.

In definitiva, l'osservatore umano si aggiunge semplicemente ai processi fisici ambientali, sia come *scopritore passivo* degli stessi, sia come *partecipatore attivo*, quando egli stesso *crea* specifici *contesti interrogativi* alfine di operare in senso pratico specifiche domande, agendo di conseguenza sulle entità oggetto del suo studio. Ma ovviamente questi contesti sperimentali manifesteranno i loro esiti a prescindere dal fatto che vi sia in ultimo una mente umana a prenderne conoscenza, come di fatto quasi sempre avviene nei moderni laboratori di fisica, nell'ambito di procedure spesso totalmente automatizzate.

11. ENTITÀ CONCETTUALI

Siamo arrivati al penultimo capitolo di questo mio breve scritto (che nella sua prima edizione era poi l'ultimo), in cui ho tentato di chiarire il problema della misura in fisica quantistica, ossia la natura e l'origine di quel processo osservativo (denominato *processo-1* da von Neumann) che consente di passare da una descrizione in termini di probabilità (non riconducibili a una mancanza di conoscenza del sistema), alla realizzazione concreta di un evento specifico, cioè di un fenomeno osservato di fatto in laboratorio.

Ai fini di tale chiarificazione, ho illustrato, sulla base di un esempio molto semplice, le idee fondamentali del cosiddetto *approccio a misure nascoste*, ideato da Diederik Aerts; un approccio che a sua volta si inserisce nel più ampio quadro esplicativo detto della *visione creazione-scoperta*, da cui emerge la possibilità di un realismo più maturo e articolato rispetto alla visione ingenua del realismo classico, in accordo con le diverse modalità con cui un osservatore è in grado di interrogare attivamente (in modo spesso anche invasivo) i sistemi fisici, attribuendo loro proprietà non solo attuali, ma altresì potenziali (cioè disponibili ad essere attualizzate, sebbene in modo non predeterminabile).

Grazie a questa analisi, diventa del tutto evidente, se non altro per chi scrive, che l'*effetto osservatore quantistico* non abbia alcuna ragione di essere inteso come un effetto psicofisico, di riduzione di possibilità astratte in attualità concrete da parte di una mente umana, essendo piuttosto l'espressione di un meccanismo puramente fisico di rottura di simmetria, sempre all'opera quando il processo osservativo non contempla la possibilità di un pieno controllo dell'interazione tra sistema *fisico* osservato e il sistema *fisico* osservatore.

Ho altresì cercato di chiarire che il vero grande mistero della fisica quantistica non risiede tanto nell'effetto osservatore, quanto nella comprensione della natura genuinamente *non-spaziale* delle entità del micromondo, che pur potendosi legare alle entità macroscopiche, non per questo appartengono singolarmente e stabilmente al teatro spaziale ordinario dell'esperienza umana. Esiste infatti un livello (o strato) *pre-spaziale* – e di conseguenza anche *pre-temporale* – della realtà fisica, popolato da entità microscopiche (e possibilmente anche da altre entità, ancora da scoprire) da cui sono emersi i corpi macroscopici, secondo modalità ancora tutte da chiarire.

Una delle maggiori difficoltà nel comprendere l'emergenza delle entità macroscopiche e dello spazio tridimensionale che le contiene, a partire dal livello delle entità microscopiche pre-spaziotemporali, potrebbe essere la nostra insistenza nel pensare ad esse in termini meramente *oggettuali*. D'altra parte, viene da chiedersi: quale altro modello avremmo a disposizione per visualizzare mentalmente le entità del micromondo, che oltre alla loro sconcertante mancanza di spazialità presentano numerose altre stranezze, come la ben nota mancanza di *distinguibilità*, la tendenza a produrre continue *interferenze*, formare connessioni a prescindere dalle distanze spaziali (*entanglement*, vedi il prossimo capitolo), e via discorrendo?

Una possibile risposta ci giunge ancora una volta dai lavori pionieristici di Aerts e collaboratori, del *Centro Leo Apostel*. L'ampio quadro esplicativo della *visione creazione-scoperta* racchiude infatti non solo la possibilità di una raffinata analisi concettuale, ma altresì un potente modello matematico, in grado di contenere al suo interno, come già ricordato, sia le strutture classiche (spazi di fase) che quelle quantistiche (spazi di Hilbert). Più di recente, questo già ampio quadro matematico-concettuale ha avuto modo di ampliarsi ulteriormente, abbracciando una categoria di sistemi ancora più generale, detta *SCoP* (*state-context-property systems*, cioè sistemi *stato-contesto-proprietà*), grazie ai quali diviene possibile descrivere non solo l'azione di un contesto sperimentale su un determinato sistema (come solitamente avviene in fisica), ma anche l'influenza del sistema sul contesto stesso.[43]

---

[43] Aerts, D. "Being and change: foundations of a realistic operational

Uno dei vantaggi di un approccio così generale, è di consentire la descrizione non solo di entità fisiche (classiche, quantistiche, o simil-quantistiche), ma anche di entità più astratte, come ad esempio i *concetti umani*, le *menti umane*, e i *processi di decisione* ad esse associati. Questo ha permesso di scoprire che la generalizzazione delle strutture formali della meccanica quantistica si prestava sorprendentemente bene a costruire una teoria quali-quantitativa dei concetti umani e delle loro possibili combinazioni.[44]

Ovviamente, non mi è possibile entrare qui nei dettagli di questa teoria, molto articolata, che richiederebbe un ulteriore libricino solo per introdurre i suoi concetti di base. Quello che però desidero evidenziare è che in seguito alla scoperta che il formalismo quantistico è perfettamente in grado di modellizzare i comportamenti dei concetti umani e la loro interazione con le menti umane (cioè con sistemi sensibili al loro significato), un'idea piuttosto singolare, ma non di meno naturale, è subito emersa, riassumibile nella seguente domanda:[45]

Se la meccanica quantistica, in quanto formalismo matematico, modellizza i concetti umani così bene, forse che questo indica che le stesse entità quantistiche siano a loro volta di natura concettuale?

Questo suggestivo interrogativo ha dato vita a un'interpretazione molto innovativa della fisica quantistica, che si fonda per l'appunto sull'ipotesi che la *natura* delle entità

---

formalism." In: D. Aerts, M. Czachor and T. Durt (Eds.), *Probing the Structure of Quantum Mechanics: Nonlinearity, Nonlocality, Probability and Axiomatics*. Singapore: World Scientific, pp. 71–110 (2002).

[44] Aerts, D. and Gabora, L. "A theory of concepts and their combinations I: The structure of the sets of contexts and properties." Kybernetes, 34, pp. 167-191 (2005); "A theory of concepts and their combinations II: A Hilbert space representation." Kybernetes, 34, pp. 192–221 (2005).

[45] Aerts, D. "Quantum particles as conceptual entities: A possible explanatory framework for quantum theory." Foundations of Science, 14, pp. 361–411 (2009).

quantistiche sarebbe di tipo *concettuale*, nel senso che tali entità interagirebbero con gli strumenti di misura macroscopici (e più generalmente con le entità costituite di materia ordinaria) in modo del tutto *analogo* a come i concetti umani interagiscono con le menti umane (o con altre strutture di memoria sensibili al significato dei concetti).

Come è noto, i concetti umani sono entità tipicamente non-spaziali. Infatti, non si può certo dire che siano presenti nel nostro spazio tridimensionale, quanto piuttosto in uno *spazio mentale*, di natura più *astratta*. Naturalmente, lo spazio mentale dei concetti umani, nella visione classica del materialismo e riduzionismo, ha origine precisamente nell'attività dei cervelli umani, che apparentemente sono contenuti nel teatro spaziale ordinario. D'altra parte, che i concetti umani originino o meno da specifiche strutture cerebrali, ciò non toglie che la spazialità di un concetto umano, come ad esempio quella del concetto "frutto", è del tutto differente dalla spazialità di un oggetto fisico ordinario.

Infatti, il concetto *frutto*, essendo un'entità astratta, non possiede in atto, stabilmente, la proprietà della localizzazione-1, tipica invece degli oggetti concreti, mentre indubbiamente possiede la proprietà della localizzazione-2, essendo tale concetto sempre pienamente disponibile a interagire e legarsi con *entità semantiche specifiche*, formate ad esempio da *specifici aggregati di concetti*, nell'ambito di specifiche frasi.

In altre parole, così come un elettrone è in grado di relazionarsi/legarsi (in modo effimero o stabile, a seconda del tipo di interazione) a uno specifico sistema macroscopico, manifestando così la sua presenza nel teatro tridimensionale, anche il concetto umano *frutto* può temporaneamente acquisire lo status di *oggetto*, quando si relaziona/lega con uno specifico contesto *oggettificante*, ad esempio nell'ambito della seguente frase ingiuntiva:

| Guarda il *frutto* che in questo momento si trova sul tavolo!

Se sul tavolo in questione è ad esempio presente un'unica mela (vedi la Figura 27), possiamo considerare che l'osservazione della localizzazione dell'entità concettuale *frutto*, nel contesto (sperimentale) della summenzionata frase, sia del tutto predeterminato.

Figura 27. *Il concetto astratto "frutto" viene stabilmente oggettificato nel concetto-concreto della singola mela presente sul tavolo, grazie al contesto sperimentale espresso dalla frase ingiuntiva "Guarda il frutto che in questo momento si trova sul tavolo!"*

Questo perché la presenza di un'unica mela sul tavolo *forza* il concetto *frutto* a legarsi, tramite lo strumento *occhio-cervello* dell'osservatore umano, unicamente a quella specifica mela. Siamo pertanto nell'ambito di quella che abbiamo definito *localizzazione-1*.

D'altra parte, se sul tavolo ci fossero *due mele* (vedi la Figura 28), il contesto sperimentale non sarebbe più in grado di forzare il concetto *frutto* ad assumere una localizzazione spaziale predefinita, cosicché l'entità umana che si trova a dover agire la summenzionata ingiunzione dovrà *scegliere* quale delle due mele guardare (cioè selezionare una specifica interazione visiva), conferendo al concetto *frutto* un'*effimera* localizzazione spaziale, che corrisponderà alla localizzazione della mela scelta in quell'istante (che potrebbe comunque cambiare l'istante successivo). E dal momento che il processo decisionale è solitamente sensibile alle fluttuazioni *intrapsichiche* ed *extrapsichiche*, questo non sarà in nessun modo predeterminabile. Ci troviamo quindi nell'ambito di ciò che abbiamo definito *localizzazione-2*.

Figura 28. *Il concetto astratto "frutto" viene effimeramente oggettificato nel concetto-concreto della mela-1 di sinistra, oppure in quello della mela-2 di destra, in modo solitamente non predeterminabile.*

La non-spazialità dei concetti umani è dunque molto simile alla non-spazialità delle entità microscopiche quantistiche. È importante però sottolineare che l'analogia tra concetti umani ed entità microscopiche, come dimostra l'analisi accurata di Aerts (in quella che viene oggi indicata con il nome di interpretazione concettualistica della fisica quantistica), è molto più profonda e articolata di quello che potrebbe lasciare intendere il summenzionato esempio. Infatti, i concetti umani sono in grado di manifestare pressoché tutti i fenomeni complessi tipici del livello quantistico microscopico, come l'*entanglement*, tramite la violazione delle *ineguaglianze di Bell*, le *sovrapposizioni* e le *interferenze*, la *coerenza* (che si traduce nell'ambito dei concetti umani in termini di *connessione mediante significato*; vedi il prossimo capitolo), l'*incompatibilità* (espressione dell'impossibilità per un concetto di essere simultaneamente massimamente astratto e concreto), ecc.[46]

D'altra parte, pur tenendo conto di queste similitudini, è importante non cadere vittime di facili *antropomorfismi* e confondere i concetti umani con le entità quantistiche microscopiche (o anche macroscopiche se è per questo), o le menti umane con gli strumenti di misura di un laboratorio. Lo stesso esempio che ho appena fatto, del concetto di "frutto" che viene oggettificato in una "mela fisica posta sul tavolo", potrebbe in tal senso essere leggermente fuorviante. Infatti, rischia di lasciar supporre al lettore che non vi sarebbe differenza tra i concetti elaborati da una mente umana e gli enti della fisica, ma ovviamente non è così.

Pensate a un'*onda acustica* e a un'*onda elettromagnetica*. Ovviamente, si tratta di entità fisiche completamente differenti. D'altra parte, condividono la medesima *natura ondulatoria*, e questo significa che in determinate circostanze saranno in grado di avere dei comportamenti simili, ad esempio nell'ambito dei cosiddetti *fenomeni di interferenza*. Lo stesso vale per delle entità fisiche come ad esempio un elettrone, che condividerebbero con in concetti umani una stessa *natura concettuale*, pur rimanendo entità perfettamente distinte da quest'ultimi.

Storicamente parlando, noi umani abbiamo "costruito" il nostro mondo concettuale *astraendolo* dagli oggetti del nostro quotidiano. Questo significa che i cosiddetti oggetti sono stati associati agli esemplari più concreti della nostra realtà

---

[46] Aerts, D., Sassoli de Bianchi, M., Sozzo, S. & Veloz, M. (2018). On the Conceptuality interpretation of Quantum and Relativity Theories. Foundations of Science. https://doi.org/10.1007/s10699-018-9557-z.

concettuale umana. Ma questo è dovuto unicamente al modo in cui abbiamo interagito con gli oggetti del nostro ambiente nel corso della nostra evoluzione sulla superficie del nostro bel pianeta. Infatti, ciò ha avuto un ruolo importante nella formazione del nostro linguaggio, cioè nella creazione di concetti più astratti, ad esempio quando abbiamo sentito il bisogno di indicare un'intera categoria di oggetti, invece di un solo oggetto, ossia un membro specifico di una categoria di oggetti.

Ne consegue che possiamo identificare una *linea storica umana* che ci consente di andare dal concreto all'astratto, dove i concetti più concreti sono le entità di natura spaziotemporale, gli oggetti per l'appunto. Quando diciamo: "questa mela che sto tenendo in questo momento tra le mani", stiamo usando un concetto massimamente concreto, mentre quando diciamo: "entità", "cosa", o "elemento", stiamo usando dei concetti massimamente astratti, e beninteso tra questi due estremi possiamo inserire concetti di astrazione o concretezza intermediaria.

Questa nostra linea "parrocchiale" umana, che ci permette di andare dal concreto all'astratto, è quella che viene oggi presa in considerazione in psicologia, o nel campo della semiotica. Esiste però anche una seconda linea, che possiamo ritenere essere di natura più universale, che permette anch'essa di passare dall'astratto al concreto, ed è legata alla possibilità di combinare tra loro diversi concetti, alfine di creare significati emergenti più complessi.

Secondo questa seconda linea, i concetti più astratti sono semplicemente quelli espressi tramite singole parole, mentre i più concreti sono quelli che descriviamo usando un ampio numero di termini tra loro interconnessi, che nel nostro linguaggio umano corrispondono a ciò che comunemente indichiamo con il termine di "storie". Una storia è un aggregato di concetti combinati tra loro secondo una specifica narrativa, cioè secondo uno specifico significato, e gli oggetti macroscopici, se li consideriamo formati a loro volta da entità concettuali (non-umane), sarebbero l'equivalente nel mondo materiale di ciò che noi chiamiamo storie nel mondo concettuale umano.

E infatti, gli oggetti macroscopici e le storie hanno

comportamenti simili. Prendete un oggetto *A* (ad esempio una mela) e un oggetto *B* (ad esempio una pera). Se considerate la combinazione concettuale "*A e B*", usando il connettivo logico "e", siete ancora in grado di metterla in corrispondenza con un oggetto, e più precisamente con l'oggetto ottenuto mettendo assieme i due oggetti (la mela *e* la pera), che vanno così a formare un singolo oggetto *composito*.

In altre parole, se *A* e *B* sono due oggetti, "*A e B*" è ancora un oggetto. D'altra parte, quando consideriamo la combinazione concettuale "*A o B*", usando il connettivo logico "o", non siamo più in grado di associarlo a un oggetto specifico. In altre parole, se *A* e *B* sono due oggetti, "*A o B*" non è più un oggetto, ma unicamente un concetto.

Il mondo concettuale, a differenza del mondo oggettuale, è dunque "chiuso" rispetto alle operazioni dei connettivi logici della congiunzione e disgiunzione, mentre il mondo degli oggetti è chiuso unicamente rispetto all'operazione della congiunzione. Lo stesso vale per le storie, cioè per le entità concettuali formate da ampissime combinazioni di concetti che sono connessi tra loro. Se *A* e *B* sono due storie, allora "*A e B*" può essere considerata a sua volta una storia: la storia che possiamo raccontare leggendo prima *A* e dopo *B*.

Ma similmente agli oggetti spaziotemporali, se *A* e *B* sono due storie, "*A o B*" non verrà solitamente ritenuta essere una storia. Lo vediamo ad esempio nel fatto che possiamo trovare facilmente delle collezioni di storie differenti, all'interno di uno stesso libro, ma che difficilmente troveremo delle storie che sono la congiunzione di due lunghe narrative (anche se in certi particolari contesti la cosa è possibile, ad esempio quando un detective prende in considerazioni diverse ipotesi di come potrebbero essersi svolti i fatti).

Non mi è naturalmente possibile entrare nei dettagli delle numerose sottigliezze dell'*interpretazione concettualistica*. Quello che mi premeva qui sottolineare è che esiste una possibilità di comprendere sia le entità quantistiche microscopiche, sia gli oggetti materiali classici, come delle entità di natura concettuale, le seconde essendo vaste combinazione delle prime, il cui comportamento emergente è tale che diviene estremamente difficile metterle in uno stato di sovrapposizione, espressione di una sorta di "congiunzione logica", allo stesso modo in cui è difficile trovare narrative formate da sovrapposizioni di altre narrative, quando quest'ultime diventano troppo complesse e articolate.

È cruciale però tenere sempre presente che un concetto umano, anche quando indica un oggetto concreto, e quindi si tratta di un concetto massimamente concreto, non per questo va confuso con l'oggetto con cui viene messo in corrispondenza, sebbene anche l'oggetto in questione, secondo il punto di vista dell'interpretazione concettualistica, sarebbe un'entità di natura concettuale, in uno stato di massima concretezza (l'equivalente di una lunga storia).

Quello che la profonda analisi di Aerts ci insegna è semplicemente che i concetti umani non sarebbero le uniche *entità concettuali* con cui noi umani abbiamo a che fare, dacché anche le entità del mondo microscopico, come un elettrone, e i loro aggregati, possiederebbero quel tipico comportamento che noi umani solitamente attribuiamo ai concetti, e non agli oggetti.

Possiamo pertanto osservare che l'approccio alla fisica quantistica nato a Ginevra e maturato a Brussel presso il Centro Leo Apostel, se da un lato è stato in grado di demistificare l'effetto osservatore, mostrando che la mente umana non svolge alcun ruolo specifico nell'*attuazione del potenziale* dei sistemi microscopici (salvo ovviamente il fatto di ideare e realizzare caratteristici contesti sperimentali), dall'altro ha mostrato, proprio grazie alla generalità del suo approccio, l'esistenza di dinamiche *simil-mentali* di origine *non umana*. Nel senso che le interazioni delle entità microscopiche con le entità macroscopiche si lasciano indubbiamente meglio descrivere da termini quali "comunicazione, linguaggio, concetti, simboli, significato, menti, memorie, ecc.", anziché da termini quali "oggetti, urti, rimbalzi, collisioni, forze, onde, ecc".

In altre parole, nel suo lungo percorso di indagine scientifica della realtà fisica, l'essere umano, forse per la prima volta, si deve arrendere all'evidenza che per quanto esista una realtà "là fuori", indipendente dalla mente che se la rappresenta (fino a prova del contrario), tale realtà è strutturalmente molto più simile a quella stessa mente che la indaga di quanto poteva inizialmente sospettare. Nel senso che:

> Se volgiamo veramente comprendere la natura e il comportamento della materia-energia, a un livello fondamentale, volenti o nolenti non possiamo evitare di pensare ai suoi attributi anche in termini mentalistici: per capirla dobbiamo psicologizzarla, sebbene non nel senso di una mera psicologia umana, e sicuramente senza farci cogliere da troppo facili misticismi e antropomorfismi.

12. CONNESSIONI E DISCONNESSIONI

In quest'ultimo capitolo, che ho pensato di aggiungere alla nuova edizione del libro (oltre al prossimo breve capitolo sugli "altri effetti osservatore"), vorrei descrivere, e anche in questo caso in parte demistificare, un altro importante fenomeno legato alla *non-spazialità* delle entità del micromondo: il cosiddetto *entanglement quantistico* (che i francesi indicano con il termine specifico di *intricazione quantistica*).

Il "problema dell'entanglement" si presentò molto presto nel corso dello sviluppo della teoria quantistica, sebbene inizialmente solo come un problema di natura squisitamente teorica, legato alla corretta interpretazione del formalismo e alla sua presunta incapacità nel descrivere in modo completo ogni possibile situazione sperimentale.

Ho già parlato al Capitolo 9 del criterio di realtà inizialmente enunciato da Einstein, Podolsky e Rosen (in breve, EPR), nel loro famoso articolo del 1935, in cui furono in grado di ottenere una contraddizione ragionando su un particolare sistema quantistico. Al Capitolo 4, ho altresì accennato a un risultato di *Diederik Aerts*, che avvallava il sospetto iniziale di Einstein che la teoria quantistica fosse una teoria incompleta.

Il ragionamento di Einstein e collaboratori verteva su una classe particolare di sistemi, detti *sistemi bipartiti* (cioè formati da due parti), quando questi si trovano in un particolare stato, detto *stato di entanglement*. In questo capitolo cercherò di spiegarvi in che modo EPR sono riusciti a mettere in evidenza una contraddizione nel formalismo quantistico, e quale sia il significato di questa contraddizione. Strada facendo, spero anche di riuscire a spiegarvi quale sia la vera natura dell'entanglement quantistico, e per quale ragione non sia possibile comprenderlo senza fare intervenire la nozione di non-spazialità.

Consideriamo due corpi, che indicheremo con le lettere *A* e *B*, e supponiamo che si muovano nello spazio allontanandosi l'uno dall'altro. Supponiamo inoltre che due sperimentatori, chiamiamoli Alice e Bob, misurino allo stesso istante le posizioni e velocità rispettive di questi due corpi. Poiché nel momento in cui eseguono le loro misure Alice e Bob sono separati da una determinata distanza spaziale, che può essere arbitrariamente grande, non si aspetteranno in generale di osservare delle *correlazioni* tra i risultati delle loro rispettive misurazioni. Tuttavia, questa possibilità non può essere esclusa: tutto dipende dalla storia dei due corpi in questione.

Infatti, se i due corpi erano connessi tra loro in passato, il processo fisico che ne ha causato la disconnessione potrebbe aver creato delle correlazioni, che successivamente Alice e Bob possono mettere in evidenza.

Un esempio paradigmatico è quello di una roccia inizialmente a riposo, diciamo situata all'origine del sistema di coordinate di un laboratorio, che a un certo punto esplode in due frammenti separati, chiamiamoli sempre *A* e *B*, che per semplificare la discussione supporremo avere delle masse identiche (vedi la Figura 29).

Le posizioni e velocità di questi due frammenti di roccia volanti saranno necessariamente perfettamente correlate, a causa della *conservazione della quantità di moto*: se in un dato istante la posizione e velocità del (centro di massa del) frammento *A* sono *x* e *v*, rispettivamente, allora la posizione e velocità del (centro di massa del) frammento *B*, allo stesso istante, saranno -*x* e -*v*.

Questa situazione di perfetta correlazione è chiaramente la conseguenza di come i due frammenti sono emersi da una singola entità indivisa inizialmente a riposo, e non il risultato di una strana connessione che verrebbe mantenuta tra loro nel corso del loro viaggio di allontanamento nello spazio, o di una fantomatica quanto innecessaria comunicazione tramite la quale si metterebbero in ogni stante d'accordo alfine di coordinare le loro posizioni e velocità rispettive.

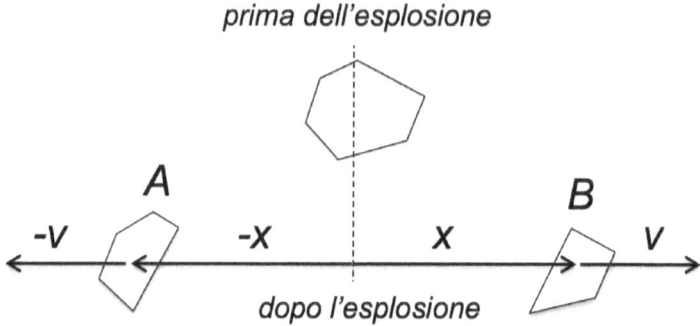

Figura 29. *Una roccia inizialmente a riposo esplode in due frammenti A e B di pari massa, che si allontanano nello spazio con velocità opposte.*

Nel loro celebre articolo, EPR non descrivono però la situazione di due frammenti di roccia che si allontanano in direzioni opposte, la quale non presenterebbe alcun mistero, ma quella di due entità di natura microscopica, come potrebbero essere due elettroni, che avrebbero interagito tra loro in passato e che a seguito della loro interazione, proprio come per i due frammenti di roccia, si troverebbero a una notevole distanza spaziale tra loro, nel senso che la probabilità di osservarli nella zona dove inizialmente hanno interagito sarebbe sostanzialmente nulla, mentre la probabilità di osservarli a una determinata distanza da quella zona – distanza che aumenta nel tempo – sarebbe massima.

A differenza dei frammenti di roccia macroscopici, per i due elettroni (o fotoni, o altre entità di natura microscopica, il ragionamento si applica a prescindere dalla tipologia delle entità prese in considerazione) valgono le leggi quantistiche. Ora, secondo queste leggi, e più esattamente secondo quanto predetto dalla famosa *equazione di Schrödinger* (di cui ho solo accennato al Capitolo 2), i due elettroni si troveranno in uno *stato di entanglement*, e secondo tale stato i risultati delle misure effettuate contemporaneamente e separatamente da Alice e Bob sui due elettroni saranno necessariamente correlati, come nel caso dei due frammenti di roccia che emergono da un'esplosione.

Perché mai la presenza di tali correlazioni presentava un problema secondo EPR? Provo a dirvelo spiegandovi esattamente quale fu il loro ragionamento. Per cominciare, hanno ipotizzato che Bob, intercettando uno dei due elettroni (chiamiamolo l'elettrone B), avrebbe potuto misurarne la posizione. Ora, supponendo che a seguito della misura il risultato ottenuto fosse x, dal momento che i due elettroni sono entangled, è possibile prevedere che se Alice avesse misurato la posizione dell'elettrone A, con certezza avrebbe ottenuto un valore opposto a quello di B, ovvero $-x$.[47]

La certezza di una tale previsione permette ad Alice di concludere che in quel momento la posizione dell'elettrone A è esattamente $-x$, senza il bisogno di effettuare alcuna misura concreta (vedi a riguardo la nostra discussione del Capitolo 9, dove abbiamo evidenziato che l'attribuzione di una proprietà è legata alla possibilità di predire con certezza l'esito positivo di un corrispondente test osservativo).

D'altra parte, continuano EPR, Bob avrebbe potuto decidere di misurare la velocità dell'elettrone B, anziché la sua posizione. Se lo avesse fatto, avrebbe ottenuto un determinato valore, diciamo v. Anche in questo caso, ragionando come sopra, Alice avrebbe potuto predire la velocità dell'elettrone A, in quanto anche in questo caso il particolare stato di entanglement in cui si trovano i due elettroni le permetterebbe di dedurre che se la velocità di B è v, allora la velocità di A è $-v$, proprio come nella situazione dei due frammenti di roccia.

Ma ecco il pezzo finale del ragionamento che EPR hanno formulato nel loro famoso articolo. Dal momento che i due elettroni A e B sono separati da una distanza spaziale arbitrariamente grande, e dal momento che è del tutto naturale

---

[47] Qui naturalmente dovete fidarvi di quello che vi racconto, cioè che queste sono esattamente le predizioni della teoria quantistica, relativamente ai sistemi bipartiti in uno stato di entanglement. Andrebbe precisato che vi sono infiniti stati di entanglement, con caratteristiche molto differenti tra loro, e che il ragionamento in questione presuppone che lo stato entangled dei due elettroni sia di tipo simmetrico.

supporre (lo era se non altro ai tempi in cui loro scrivevano) che tale *separazione spaziale* implichi necessariamente anche una *separazione sperimentale*, le misure effettuate da Bob sull'elettrone *B*, siano esse misure di posizione o di velocità, in nessun modo avrebbero potuto influire sullo stato dell'elettrone *A*. Ma se questo è vero, allora è possibile concludere che *A* possiede non solo una posizione ben definita, in un determinato istante, ma anche una velocità ben definita, nel medesimo istante, in quanto Bob è perfettamente libero di scegliere quale grandezza osservare e che tale sua scelta non è in grado di influire sulla condizione dell'elettrone di Alice. Questa era se non altro l'ipotesi di EPR.

Se quanto sopra è vero, abbiamo un'evidente contraddizione. Infatti, sempre tramite il formalismo quantistico, è possibile derivare il noto *principio di indeterminazione di Heisenberg*, che proibisce di attualizzare contemporaneamente sia la posizione di un'entità quantistica che la sua velocità. In altre parole, il "criterio di realtà" enunciato da Einstein e collaboratori, secondo il quale *le proprietà fisiche altro non sono che stati di predizione* (nel senso che una proprietà è attuale se è possibile predire con certezza l'esito di un test osservativo corrispondente), che è indubbiamente un criterio di ampissima validità, in accordo con "le idee di realtà sia della meccanica classica che della meccanica quantistica", produce una contraddizione logica, una sorta di paradosso dal quale EPR conclusero che la meccanica quantistica fosse necessariamente incompleta.

L'incompletezza in questione risulterebbe dalla sua presunta incapacità di descrivere il semplice fatto che un elettrone possiederebbe, sempre e congiuntamente, una posizione e velocità ben definite, dunque incompleta in quanto incapace di descrivere ogni possibile proprietà (ogni possibile "elemento di realtà", direbbe Einstein) associata a un'entità fisica come un elettrone.

Per molti anni la scomoda questione sollevata da EPR cadde sostanzialmente nel dimenticatoio. Ci fu subito una reazione da parte di *Niels Bohr*, in un articolo piuttosto ermetico dello stesso anno,[48] che portava esattamente lo stesso titolo dell'articolo di EPR (il titolo era: "può la descrizione quantomeccanica della realtà fisica essere considerata completa?"), che semplicemente decretava che il loro intero ragionamento non era valido in quanto, secondo Bohr, in fisica quantistica veniva meno il concetto stesso di "elemento di realtà", o qualcosa del genere.

C'era comunque un'altra difficoltà, che spiega in parte il susseguente disinteresse da parte dei fisici nei riguardi del paradosso EPR: il fatto che nessuno riteneva fosse possibile ideare degli sperimenti in grado di confermare o smentire l'ipotesi di incompletezza posta da Einstein e dai suoi giovani collaboratori.

La situazione cambiò radicalmente circa trent'anni dopo, grazie alle profonde intuizioni del fisico britannico *John Bell*,[49] che sorprendendo tutti derivò delle particolari ineguaglianze matematiche che oggi portano il suo nome (*ineguaglianze di Bell*), la cui violazione avrebbe confermato le predizioni quantistiche relativamente al fenomeno dell'entanglement, in situazioni sperimentali simili a quelle descritte da EPR nel loro articolo.

La grande abilità di Bell (che non ricevette il Nobel per il suo lavoro, ma lo avrebbe sicuramente meritato) fu quella di escogitare delle relazioni matematiche che facessero intervenire solo delle quantità (delle probabilità) direttamente calcolabili usando i dati ottenibili in esperimenti che in linea di principio erano realizzabili.

L'altra caratteristica saliente delle ineguaglianze di Bell, era che erano in grado di demarcare la situazione precedentemente descritta dei due frammenti di roccia, dalla situazione di due elettroni in uno stato quantistico di entanglement. Il problema, infatti, è che in entrambe queste due situazioni si potevano osservare delle correlazioni tra i diversi esiti delle misure, ma ovviamente la natura di tali

---

[48] N. Bohr, "Can quantum-mechanical description of physical reality be considered complete?," Phys. Rev. 48, pp. 696–702 (1935).

[49] Bell, J. (1964). "On the Einstein Podolsky Rosen paradox". Physics 1, pp. 195–200.

correlazioni non era per nulla la stessa.

Diederik Aerts ha espresso molto bene questo distinguo introducendo la seguente terminologia. Da un lato vi sono le *correlazioni del primo tipo*, che sono quelle che è possibile unicamente *scoprire* nel corso di un esperimento. Si tratta di correlazioni che sono presenti nel sistema anche prima che l'esperimento sia eseguito, come è il caso dei due frammenti di roccia le cui velocità e posizioni restano correlate nel tempo a prescindere dalle nostre osservazioni.

Dall'altro lato vi sono le *correlazioni del secondo tipo*, che invece sono letteralmente *create* dal processo stesso della loro osservazione, tramite l'interazione del sistema bipartito con gli strumenti di misura. Solo questo secondo tipo di correlazioni sono in grado di violare le famose ineguaglianze scoperte da Bell.

Una ventina d'anni dopo che Bell derivò le sue ineguaglianze, di cui esistono oggi numerose varianti,[50] furono realizzati i primi esperimenti, ad opera del gruppo francese di *Alain Aspect*,[51] che furono non solo replicati negli anni, ma eseguiti con un grado sempre maggiore di sofisticazione, fino ad arrivare ai più recenti esperimenti, nel 2016, che si ritiene abbiano eliminato ogni possibile e immaginabile problema di progettazione sperimentale, che potrebbe rimettere in questione la validità dei risultati ottenuti (questi problemi vengono solitamente definiti "loopholes", cioè "scappatoie", e negli anni ne sono state identificate un numero raguardevole).[52]

Dunque, gli esperimenti confermarono la realtà dell'entanglement quantistico, dal momento che i dati ottenuti violavano le ineguaglianze di Bell, concepite come abbiamo detto per fare da spartiacque tra le correlazioni "classiche", del

---

[50] Quella più famosa e utilizzata è detta: *ineguaglianza di Clauser Horne Shimony e Holt*, o semplicemente *ineguaglianza CHSH*.

[51] Aspect, A., Grangier, P. & Roger, G. (1982). "Experimental realization of Einstein-Podolsky-Rosen-Bohm Gedankenexperiment: A new violation of Bell's Inequalities." Physical Review Letters 49, pp. 91–94.

[52] Hensen, B., et al. (2016). "Loophole-free Bell inequality viola-tion using electron spins separated by 1.3 kilometres. Nature, 526, pp. 682–686.

primo tipo, e quelle "quantistiche", del secondo tipo. Così, a seguito di questi successi sperimentali, la più parte dei fisici ritenne che il paradosso messo in luce da EPR fosse stato risolto, nel senso che i risultati sperimentali avevano semplicemente invalidato il ragionamento di EPR e confermato le predizioni della teoria quantistica.

Ma è proprio così? Non esattamente. Come proverò ora a spiegarvi, una tale conclusione è unicamente il frutto di un equivoco circa la vera natura, "unicamente logica", del paradosso in questione. Di questo se ne accorse *Diederik Aerts* negli studi che condusse nel corso della sua tesi di dottorato, nei primissimi anni ottanta del secolo scorso.[53]

Il ragionamento di Aerts era il seguente. Nella loro premessa, EPR avevano supposto che per due entità quantistiche, come due elettroni, una separazione spaziale fosse equivalente a una separazione sperimentale. Inoltre, avevano supposto che il formalismo quantistico fosse in grado di descrivere correttamente una tale situazione. In altre parole, implicitamente avevano ipotizzato che la teoria quantistica fosse in grado di descrivere un sistema formato da due entità fisiche *sperimentalmente separate*. Ma dal momento che ciò ha generato una contraddizione, tale assunto è di fatto errato, vale a dire:

> *La teoria quantistica non è in grado di descrivere delle entità fisiche sperimentalmente separate.*

Si potrebbe obiettare che l'errore commesso da EPR sia stato semplicemente quello di pensare che una sufficiente separazione spaziale tra due elettroni (o tra due altre entità microscopiche) implicasse anche, necessariamente, una loro

---

[53] Aerts, D. "The One and the Many: Towards a Unification of the Quantum and Classical Description of One and Many Physical Entities," Doctoral dissertation, Brussels Free University (1981). Vedi anche: Sassoli de Bianchi, M. (2019). "On Aerts' overlooked solution to the EPR paradox." In: Probing the Meaning of Quantum Mechanics – Information, Contextuality, Relationalism and Entanglement, World Scientific, pp. 185–201.

completa *disconnessione*. D'altra parte, i fisici sperimentali, con i loro sofisticatissimi esperimenti, hanno dimostrato che se si prendono sufficienti accorgimenti è possibile creare delle condizioni sperimentali dove due entità microscopiche, come due elettroni, dopo aver interagito, restano sempre *interconnesse*, anche quando separate da distanze spaziali arbitrariamente grandi.

Il vero e unico errore di EPR era stato quindi quello di avere applicato il loro ragionamento a una situazione sperimentale sbagliata, cioè alla situazione di un sistema bipartito formato da due entità entangled, perché quando due entità si trovano in quel particolare "stato di intricazione", gli esperimenti effettuati da Alice e Bob non possono che dare degli esiti perfettamente correlati, come in seguito i numerosi esperimenti hanno confermato.

Ai loro tempi, EPR non potevano ovviamente sapere che la nozione di entanglement, che appariva a livello matematico nella teoria, fosse espressione anche di un fenomeno reale, quindi non potevano sospettare che stavano commettendo un errore di questo genere. Ma il loro ragionamento logico restava nondimeno corretto, e non è mai stato invalidato dagli esperimenti (nessun ragionamento logico può essere invalidato da degli esperimenti, solo le sue premesse possono esserlo).

Immaginate una situazione in cui dei fisici sperimentali, invece di prendere ogni accorgimento per mantenere viva l'interconnessione tra i due elettroni, eseguono quello che verrebbe interpretato come "un esperimento male eseguito", cioè un esperimento dove la possibilità di mettere in evidenza delle correlazioni viene meno, e si cerca invece di mettere in evidenza un'assenza di correlazioni.

Vi ricordo che negli esperimenti condotti negli anni si è sempre e unicamente cercato, con ogni mezzo, di mettere in evidenza una violazione delle ineguaglianze di Bell, cioè si è sempre fatto di tutto per preservare la cosiddetta *coerenza* tra i due elettroni (o fotoni, o altre entità microscopiche). Ma è possibile immaginare anche delle situazioni sperimentali (mai esplorate concretamente a dire il vero, non volutamente se non altro) dove si farebbe invece di tutto per mettere in evidenza un'assenza di coerenza tra i due elettroni, cioè una condizione di *disintricazione*, o *disentanglement*.

La realizzazione di tali situazioni sperimentali metterebbe in evidenza una separazione tra le misure di Alice e Bob, conducendo esattamente alla contraddizione messa in luce da EPR. Situazioni di questo tipo sono a dire il vero perfettamente comuni quando abbiamo a che fare con delle entità fisiche non-microscopiche. In altre parole, il ragionamento di EPR permette di concludere che la teoria quantistica non è in grado di descrivere delle situazioni sperimentali dove le proprietà che vengono misurate, relativamente a due entità fisiche distinte, resterebbero non-correlate. In altre parole, situazioni dove le due entità sarebbero (non solo spazialmente ma anche sperimentalmente) separate.

Ovviamente, se la nostra realtà fisica è "un tutto interconnesso", cioè ogni cosa si trova in uno stato perenne di intricazione con ogni altra cosa, questa carenza strutturale della teoria quantistica, nel descrivere delle entità separate, non sarebbe tale, quanto invece ma una corretta descrizione di come starebbero veramente le cose a un livello fondamentale.

D'altra parte, viviamo circondati da entità macroscopiche che, apparentemente, e fino a prova del contrario, non mostrano effetti quantistici particolari, e non è chiaro se sarà mai possibile, ad esempio, mettere in un autentico stato di entanglement quantistico due sedie del nostro salotto.

Quindi, possiamo dire che la questione di sapere se le carenze strutturali del formalismo quantistico evidenziate da Aerts sono o meno un problema serio, per una teoria che ambisce a descrivere la nostra realtà fisica ad ogni possibile livello, resta oggi ancora aperta.[54]

---

[54] Per il lettore "addetto ai lavori", andrebbe precisato che la parte significativa del lavoro di Aerts è stata quella di mettere in evidenza, in modo costruttivo e non tramite un ragionamento *ex-absurdum*, quali sono gli "elementi di realtà mancanti" alla teoria quantistica. Tali elementi mancanti non si manifestano al livello dello "spazio degli stati". Infatti, la teoria quantistica presenza una sorta di sovrabbondanza di stati, a causa del cosiddetto *principio di sovrapposizione*. Il problema si manifesta invece al livello delle proprietà, che nel formalismo quantistico vengono descritte da

Bene, abbiamo così chiarito che la teoria quantistica non è necessariamente una teoria completa, in quanto descrive adeguatamente solo le situazioni dove i sistemi sono sempre in un possibile stato di interconnessione, mentre è lecito supporre che vi siano porzioni del reale in grado di restare sconnesse le une dalle altre, e che una teoria fisica completa dovrebbe poter descrivere entrambe queste situazioni, di connessione e disconnessione, oltre che tutte le possibili situazioni intermediarie, ma per fare questo è necessario un formalismo strutturalmente più ricco, che va oltre il formalismo standard quantistico (si parla in tal caso di teorie *non-Hilbertiane*).

Detto questo, resta il fatto importante e sorprendente che, tramite la violazione delle ineguaglianze di Bell, è stata messa in evidenza, nella struttura della nostra realtà fisica, l'esistenza di correlazioni del secondo tipo in entità microscopiche separate da distanze spaziali arbitrariamente grandi. Sorge allora una domanda:

> *Come possono due entità spazialmente separate da distanze possibilmente astronomiche rimanere nondimeno sempre tra loro interconnesse?*

La risposta è semplice: lo possono fare perché si tratta di entità di natura *non-spaziale*, cioè di entità che quando si trovano in uno stato di entanglement formano "un tutt'uno non-spaziale". In altre parole, la loro connessione resta a noi invisibile perché è una connessione che non ha luogo tramite lo spazio.

Quando Alice e Bob misurano congiuntamente le proprietà di due elettroni entangled, che sono solo apparentemente separati, quello che realmente avviene è che un'*entità non-spaziale unitaria* viene separata in due parti, proprio come quando

---

particolari operatori, detti di *proiezione ortogonale*. È proprio la sovrabbondanza di stati che produce una corrispondente carenza di proprietà, nel senso che certe proprietà caratteristiche di un sistema bipartito formato da componenti (sperimentalmente) separati non possono essere rappresentate da degli operatori di proiezione ortogonale. Pertanto, se si ritiene che tali proprietà siano attuabili, la teoria quantistica risulterebbe incompleta in quanto non in grado di rappresentarle.

tiriamo un elastico e lo rompiamo, creando così due parti di elastico separate, le cui lunghezze saranno necessariamente perfettamente correlate.

Provate a immaginare Alice che in una mano tiene il lembo di un lunghissimo elastico, mentre Bob, a una distanza notevole da Alice, tiene l'altro lembo (vedi la Figura 30). Immaginate che Alice e Bob si siano messi d'accordo di tirare con forza sull'elastico in un istante prestabilito, causandone la rottura.

Quando Alice (rispettivamente, Bob) riceve nella sua mano il proprio frammento di elastico, può misurarne la lunghezza, e conoscendo la lunghezza originale dell'elastico, potrà dedurre la lunghezza del frammento ottenuto da Bob (rispettivamente, da Alice), senza aver mai comunicato con il suo collega (vedi la Figura 30).

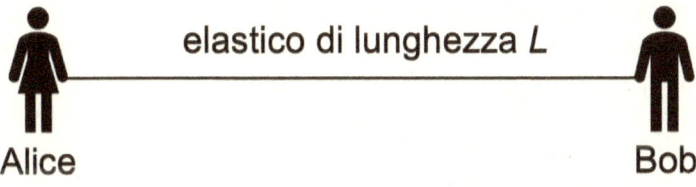

Figura 30. *Alice e Bob tengono entrambi in mano uno dei due lembi di un elastico di lunghezza L.*

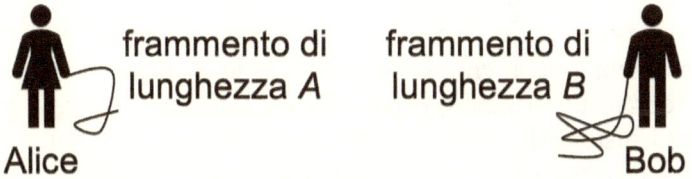

Figura 31. *Se il frammento di elastico di Alice è di lunghezza A, quello di Bob è necessariamente di lunghezza B = L - A. In altre parole, le lunghezze dei due frammenti non sono arbitrarie, ma perfettamente correlate tra loro.*

Questo è esattamente quello che accade nei laboratori quantistici quando dei sistemi bipartiti in stati di intricazione (entangled) violano le ineguaglianze di Bell, rivelando la presenza di correlazioni del secondo tipo. Possiamo osservare che Alice e Bob operano congiuntamente su un'entità unitaria: l'elastico intatto. Potete nondimeno concepire tale elastico come un sistema bipartito, in quanto possiede due estremità ben definite e distinte, che Alice e Bob possono afferrare con le loro mani.

Queste estremità dell'elastico sono collegate tra loro tramite la struttura stessa dell'elastico, che è interamente presente nello spazio, quindi perfettamente visibile, mentre nel caso delle entità bipartite microscopiche tale collegamento sarebbe invisibile, in quanto di natura non-spaziale.

Einstein non accettava l'idea dell'entanglement quantistico essenzialmente per due ragioni. La prima è che riteneva che la realtà fisica dovesse essere interamente contenuta all'interno del teatro spaziale (e più generalmente, del teatro spaziotemporale). L'altra è che non riteneva credibile l'esistenza di quelle che lui chiamava "azioni spettrali a distanza" (*spooky actions at a distance*), cioè il fatto che due entità separate da distanze spaziali arbitrariamente grandi potessero comunicare tra loro a velocità virtualmente infinita, di gran lunga superiore alla velocità della luce, che secondo la sua *teoria della relatività* era una velocità limite invalicabile per ogni segnale in grado di produrre un effetto.

Ma il pregiudizio che la fisica debba raffigurare una realtà "interamente contenuta nello spazio" non può essere considerato un principio *a priori*, ed è facile che ai nostri giorni anche Einstein si sarebbe arreso all'evidenza che la realtà fisica sia principalmente di natura non-spaziale.[55] Facendolo, avrebbe automaticamente risolto anche la sua perplessità circa le "azioni spettrali a distanza", dal momento che la nozione stessa di

---

[55] Dalla prospettiva della teoria della relatività ristretta, la non-spazialità emerge ad esempio dall'osservazione sconcertante (sconcertante se ci si limita a una visione puramente spaziale) che la velocità della luce è esattamente la stessa in ogni possibile sistema di riferimento inerziale. Vedi: Aerts, D. (2018). Relativity Theory Refounded. Foundations of Science 23, pp. 511–547; doi: 10.1007/s10699-017- 9538-7.

"azione a distanza" non si applica a delle entità non-spaziali.

Inoltre, se consideriamo il paradigma dell'esperimento con l'elastico, è chiaro che nel processo di creazione di correlazioni, Alice è Bob non si inviano alcun segnale, ma semplicemente agiscono di concerto sulla medesima entità unitaria.

Ora, al Capitolo 11 abbiamo sottolineato come la non-spazialità possa essere espressione del fatto che le entità fisiche microscopiche si comporterebbero in modo del tutto simile a delle entità concettuali. Secondo questa prospettiva concettualistica, le connessioni non-spaziali sottese dall'entanglement quantistico altro non sarebbero allora che *connessioni tramite significato*, cioè connessioni che risulterebbero dal fatto che i concetti sono "entità di significato" e che ciò che misura i concetti, i sistemi cognitivi, sono entità sensibili al loro significato.

Quindi, se per esempio chiedete a una persona di fornire un esempio di un "animale che mangia cibo", per la mente di quella persona i due concetti "animale" e "cibo" appariranno tra loro entangled, poiché collegati dal significato veicolato dalla frase "animale che mangia cibo".

Questo lo si può verificare notando che se per esempio l'animale scelto è "cavallo", il cibo corrispondente che verrà scelto non sarà un cibo qualsiasi, ma molto probabilmente (anche se non necessariamente) apparterrà a quegli alimenti che si ritiene un cavallo possa mangiare, come "fieno", "avena", "mele", ecc.

In altre parole, se l'invito di scegliere un esempio di "animale che mangia cibo" viene considerata al pari di una misura effettuata congiuntamente sull'entità "animale" e sull'entità "cibo", da ripetere innumerevoli volte (con persone diverse), si potrà osservare che verranno scelte con maggiore probabilità delle combinazioni del tipo "cavallo che mangia fieno", piuttosto che delle combinazioni del tipo "cavallo che mangia bistecche", o "gatto che mangia fieno".

Quindi, le diverse scelte di esemplari di "animali che mangiano cibo" creeranno necessariamente delle correlazioni tra gli esemplari di "animale" e quelli di "cibo", e queste *correlazioni del secondo tipo*, al pari di quelle generate dalle entità microscopiche (che sarebbero anch'esse di natura concettuale), risultano dalla presenza di un evidente, per quanto astratto, "collegamento tramite significato".

Pertanto, gli stati di entanglement quantistico, e le connessioni tramite significato delle entità concettuali, sarebbero solo due modi sostanzialmente equivalenti di parlare di uno stesso fenomeno in natura, di natura genuinamente non-spaziale.[56]

---

[56] È interessante osservare che è possibile condurre esperimenti di psicologia che sfruttano precisamente tali "collegamenti tramite significato" tra diversi concetti, quando in determinati stati, per violare le famose ineguaglianze di Bell. Vedi ad esempio: Aerts, D. & Sozzo, S. (2014). Quantum entanglement in conceptual combinations. International Journal of Theoretical Physics 53, pp. 3587–360. Aerts, D., Aerts Arguëlles, J., Beltran, L., Geriente, S., Sassoli de Bianchi, M., Sozzo, S & Veloz, T. (2018). Spin and wind directions I: Identifying entanglement in nature and cognition. Foundations of Science 23, pp. 323–335. Spin and wind directions II: A Bell State quantum model. Foundations of Science 23, pp. 337–365.

13. ALTRI "EFFETTI OSSERVATORE"

Questo capitolo vuole offrire un rapido excursus sul concetto di "effetto osservatore" al di fuori del campo della fisica.[57] Con il termine di "effetto osservatore" solitamente si fa riferimento alla possibilità che un atto di osservazione possa influenzare o addirittura creare le proprietà di ciò che viene osservato. Tuttavia, a seconda del contesto e dei meccanismi coinvolti, può indicare effetti di natura assai diversa tra loro.

Sull'effetto osservatore quantistico ormai la sapete lunga, ma il termine viene più generalmente usato anche in situazioni dove una misura non può essere considerata perfettamente esatta, perché il metodo utilizzato altera in parte il risultato.

Un tipico esempio è quando misuriamo la pressione di un pneumatico e lasciamo uscire dell'aria quando inseriamo il manometro, oppure quando misuriamo la temperatura di un liquido e la differenza di temperatura tra il termometro usato e il liquido stesso altera la temperatura di quest'ultimo. Si parla solitamente in questo tipo di situazioni di *effetto sonda*.

Nel campo della programmazione, si parla invece di *heisenbug* (il termine è un gioco di parole che fa riferimento al nome del fisico *Werner Heisenberg*), per indicare un bug in un software che è in grado di alterare il proprio comportamento, o addirittura scomparire, quando si tenta di sondarlo.

Nelle scienze sociali, il linguista americano *Amber Labov* ha invece coniato il termine di *paradosso dell'osservatore*, per descrivere quelle situazioni in cui la presenza di un osservatore è in grado di alterare gli esiti di un'osservazione. Nel campo della sociolinguistica ad esempio, quando un ricercatore tenta di raccogliere dei dati sull'impiego del linguaggio naturale, e a tal

---

[57] Vedi anche la voce "Observer Effect", che ho avuto il piacere di curare nel volume enciclopedico: *The SAGE Encyclopedia of Educational Research, Measurement, and Evaluation*, edita da Bruce B. Frey, Thousand Oaks, CA: SAGE Publications (2018).

fine intervista delle persone, con la sua sola presenza può indurre una modifica nel loro modo di parlare, in quanto il contesto stesso dell'intervista potrebbe indurle, ad esempio, a parlare in modo più formale del solito, quindi non più secondo un linguaggio prettamente naturale.

Più generalmente, il paradosso dell'osservatore, detto anche *effetto Hawthorne*, descrive quelle situazioni in cui il comportamento delle persone viene alterato in modi che difficilmente possono essere previsti dagli sperimentatori, per il semplice fatto che queste vengono monitorate o inserite in un determinato contesto sperimentale.

Per quanto riguarda invece le specificità dell'effetto osservatore di tipo quantistico, come ho già accennato in precedenza il formalismo quantistico è stato applicato con successo nella modellizzazione dei processi decisionali umani, nell'ambito di quel nuovo campo di ricerca denominato *cognizione quantistica*.

Le ragioni di questo successo sono numerose, ma una di esse è proprio legata all'effetto osservatore quantistico, che possiede una sua controparte naturale in psicologia. Infatti, in molti contesti interrogativi, le risposte che si ottengono, quando le persone vengono sottoposte a un questionario, non vengono solo scoperte, ma spesso sono letteralmente create, in modo del tutto imprevedibile.

Per fare un esempio, considerate un sondaggio in cui si chiede a 100 persone se sono dei fumatori o non fumatori. Se 50 hanno risposto affermativamente e 50 negativamente, possiamo affermare che la probabilità di trovare un fumatore nel gruppo di partecipanti, scegliendolo a caso, è del 50%, proprio come nell'esempio della scatola contenete i 100 elastici assortiti bianchi e neri della Figura 4. Evidentemente, questa probabilità riflette il comportamento effettivo delle 100 persone in questione, relativamente al loro modo di rapportarsi nei confronti del fumo.

Ma supponiamo ora che a quelle stesse persone si chieda se sono a favore oppure contro l'utilizzo dell'energia nucleare. Immaginate che anche in questo caso 50 di loro rispondano di sì e 50 rispondano di no. Ancora una volta, possiamo dire che abbiamo il 50% di probabilità per un tipo di risposta e 50% di probabilità per l'altro tipo di risposta. Ma possiamo interpretare queste probabilità ritenendo che, prima che la domanda fosse stata posta, 50 persone in quel gruppo erano a favore dell'energia nucleare e 50 erano contrarie?

Questa interpretazione sarebbe evidentemente errata, poiché sono rare le persone che possiedono un'opinione ben definita circa la questione del nucleare, il che significa che la più parte sarà costretta ad attualizzare una risposta al momento, in modo perfettamente indeterministico. Ci troviamo pertanto in una situazione che è molto simile a quella del test del mancinismo delle Figure 13-15. In altre parole, questa volta le risposte non vengono semplicemente scoperte, ma letteralmente create, in un modo che non dipende unicamente dallo stato dei partecipanti e da come la domanda viene formulata, ma anche dalle fluttuazioni imprevedibili che si verificano nella loro mente quando confrontati con quella specifica situazione cognitiva.

Dunque, se un sondaggio come quello che abbiamo appena descritto viene interpretato come un processo di misura, possiamo dire che siamo in presenza di un effetto osservatore, perché il processo è indubbiamente invasivo (i partecipanti sono in qualche modo forzati a dare una risposta, quindi a "rompere la simmetria" di un loro eventuale dubbio) ed è in grado di creare quelle stesse proprietà che vengono osservate.

Un altro importante esempio di effetto osservatore è quello relativo al fatto che alcune osservazioni possono disturbarsi a vicenda e quindi sono sperimentalmente incompatibili tra loro (come espresso nel famoso principio di indeterminazione di Heisenberg). Ciò significa che se eseguiamo in sequenza due misure che non sono reciprocamente compatibili, l'ordine della sequenza avrà un'influenza sulla statistica dei risultati ottenuti. Misurare prima la posizione e dopo la quantità di moto di un elettrone non è la stessa cosa che misurare prima la quantità di moto e in seguito la posizione. Lo stesso avviene in ambito psicologico.

Quando facciamo una sequenza di domande, il loro ordine può influenzare le risposte che vengono date. Ad esempio, chiedere prima "È onesto Bill Clinton?" e in seguito "È onesto Al Gore?" non produce la medesima statistica di risultati che chiedere prima "È onesto Al Gore?" e in seguito "È onesto Bill

Clinton?". Questi *effetti d'ordine* di certe domande sono ovviamente una fonte di preoccupazione per gli psicologi e sociologi, quando studiano le convinzioni, attitudini, intenzioni e comportamenti della gente, e uno stratagemma per attenuare tali "effetti osservatore" è quello di randomizzare l'ordine con cui vengono poste le domande, di modo che gli intervistati non rispondano sempre nella medesima sequenza.

Possiamo menzionare anche il famoso *effetto Zenone quantistico* (il nome deriva dal famoso paradosso della freccia ideato dal filosofo greco *Zenone di Elea*), una situazione in cui la continua osservazione di un sistema può "congelare" la sua evoluzione. Ad esempio, se un atomo instabile viene osservato molto di frequente, se ne può impedire il decadimento.

Un effetto simile è stato descritto anche nel campo delle neuroscienze, notando che una continua focalizzazione dell'attenzione è in grado di stabilizzare i circuiti neuronali del cervello. In un ambito del tutto differente, l'effetto prodotto da osservazioni multiple viene anche descritto nel fenomeno psicologico noto con il nome di *effetto spettatore* (detto anche *apatia dello spettatore* o *effetto testimone*), in base al quale più sono gli spettatori presenti in una situazione di emergenza e meno è probabile che uno di loro interverrà per fornire aiuto.

Per concludere, desidero accennare a un'ultima circostanza, anch'essa spesso descritta come effetto osservatore, in grado di incidere sulla raccolta e analisi dei dati e sulla progettazione di una ricerca. Accade quando il desiderio di osservare qualcosa è così forte da indurre le persone a credere a ciò che desiderano credere, cioè ad "osservare" qualcosa che non esiste realmente.

Un esempio emblematico è quello dei famosi *raggi N*, la cui "scoperta" avvenne nel 1903, da parte del fisico francese *René Blondlot*, cui seguirono numerosissimi studi e pubblicazioni a conferma della loro esistenza, da parte di più di un centinaio di rispettabilissimi scienziati, in circa 300 articoli scientifici pubblicati in riviste prestigiose. Si trattò invece di uno caso emblematico in cui un'intera comunità scientifica prese lucciole per lanterne, ingannandosi per numerosi anni, probabilmente anche a cause della recente scoperta dei raggi X e la forte aspettativa circa la possibilità di scoprire facilmente nuove forme di radiazioni.

Il metodo scientifico è stato progettato proprio con lo scopo di neutralizzare i nostri errori di valutazione, le nostre false aspettative, i nostri pregiudizi, e altri meccanismi di autoinganno, ma, naturalmente, il nostro stato di allerta deve sempre rimanere alto, in quanto il nostro cammino di progressione nella conoscenza non ci garantisce in alcun modo di evitare le trappole dei nostri pregiudizi non solo individuali ma anche collettivi.

NOTA CONCLUSIVA

Ricordo di aver letto il mio primo libro di divulgazione scientifica attorno ai quattordici anni, prendendolo in prestito a mio cugino. Si trattava del libro "*Dagli atomi al cosmo*", di *Piero Bianucci*. Ricordo anche che poco tempo dopo scorsi nella vetrina di una libreria un libricino dalla copertina color celeste, intitolato "*L'universo di Einstein*", di *Nigel Calder*,[58] che subito acquistai e lessi avidamente.

Se il libro di Bianucci aprì la mia giovane mente ai maestosi scenari delle dinamiche cosmiche, parlandomi di evoluzioni stellari, di buchi neri, e di eventuali messaggi in provenienza da civiltà extrasistemiche, il libricino di Calder lavorò in me più in profondità, rivelandomi come una mente umana bene educata – nella fattispecie quella del grande Einstein – fosse in grado di svelare i profondi misteri della realtà in cui viviamo, bypassando i nostri pregiudizi più radicali (e radicati) su come riteniamo che le cose dovrebbero essere, sebbene di fatto non siano.

Quelle letture risvegliarono in me qualcosa di importante: il ricordo di una possibilità che col tempo avrei imparato a riconoscere ed esplorare più approfonditamente. Fu così che quando ottenni il diploma di *bachelier* (la maturità francese), decisi di iscrivermi alla facoltà di fisica, presso l'*Università di Losanna* (in Svizzera), non senza provocare una certa sorpresa in mio padre, che aveva immaginato per me una carriera di tipo manageriale, come da tradizione nel ramo paterno della famiglia.

Nonostante una partenza un po' incerta (a quei tempi ero più interessato alla spensieratezza della vita studentesca che ai libri), riuscii nel mio intento di portare a termine gli studi, senza grandi fatiche a dire il vero, anche perché, contrariamente a

---

[58] Il testo fu pubblicato in versione originale inglese nel *1979*, in occasione del centenario della nascita di Einstein, e in seguito nel *1981*, in traduzione italiana.

quanto si è soliti credere, studiare fisica (o matematica) è quantitativamente molto meno impegnativo che studiare materie come ad esempio legge, o medicina, poiché pur essendoci molte più cose da *capire*, in controparte ci sono molto meno cose da *memorizzare*.

Così, con uno stile un po' minimalista, giunsi alla laurea nel *1989*. In questa prima parte del mio percorso scientifico mi disinnamorai – se così si può dire – delle materie quali l'astronomia e l'astrofisica, non tanto per i loro contenuti, quanto per la mancanza di carisma e la scarsa competenza didattica di chi a quei tempi, e in quei luoghi, le insegnava. Fortunatamente, trovai anche alcuni professori molto validi che mi contagiarono con la loro passione per le materie più prettamente teoriche, come la fisica quantistica e la relatività. Insomma, alla fine prevalse il libricino di Calder, non quello di Bianucci.

Decisi così di proseguire in direzione della ricerca in fisica teorica, anche perché, un po' come accadeva a Pauli, quando tentavo di realizzare degli esperimenti di laboratorio gli apparecchi spesso si guastavano, o cominciavano a funzionare in modo del tutto sballato, soprattutto se si trattava di strumenti di natura elettronica.

Per chi non avesse mai sentito parlare dell'*effetto Pauli*, ricordo che il grande fisico austriaco era noto per il suo talento nel compromettere l'esito di qualsiasi esperimento di fisica, con la sua semplice presenza. Tanto che il suo collega e amico sperimentalista *Otto Stern* finì con l'impedirgli categoricamente l'accesso al suo laboratorio.

L'effetto Pauli, incidentalmente, ci riporta al tema di questo libricino, poiché si tratta, o meglio si tratterebbe, di una sorta di "effetto osservatore", legato alla possibilità dei cosiddetti fenomeni di *macro-psicocinesi*. Va detto che Pauli non pensava all'effetto che portava il suo nome come a un semplice modo scherzoso di descrivere una serie di sfortunati eventi, ipoteticamente correlati alla presenza della sua persona, quanto a un effetto del tutto oggettivo (Pauli, è bene menzionarlo, era un fermo sostenitore della ricerca in campo parapsicologico).

Ad ogni modo, indipendentemente dalla mia capacità, reale o fittizia, di creare anomalie nelle strumentazioni elettroniche, il mio interesse era più rivolto all'indagine teorica che a quella sperimentale (sebbene, ovviamente, i miei talenti come fisico teorico non fossero in nulla paragonabili a quelli di Pauli, o di giganti della sua levatura). Così, dopo la laurea ebbi la piacevole sorpresa di vedermi offrire un posto di assistente presso la famosa *Scuola di Fisica* dell'*Università di Ginevra*, con la possibilità di un percorso di ricerca volto all'ottenimento di un dottorato.

Fu allora che entrai in contatto con *Constantin Piron*, uno dei co-fondatori della scuola di *Ginevra-Brussel*, che più volte ho menzionato in questo scritto. A quei tempi, a causa soprattutto della mia immaturità scientifica, non ebbi modo di apprezzare appieno la profondità concettuale delle idee di Constantin, con cui presi comunque a collaborare, in vista di una possibile tesi di dottorato.

Il lavoro che mi propose di realizzare sotto la sua direzione portava su una possibile ricostruzione dell'*elettrodinamica quantistica* (la teoria quantistica relativistica del campo elettromagnetico) partendo da una visione critica del ruolo dell'*osservatore in ambito relativistico* (espressa da alcune sue idee piuttosto originali circa una corretta interpretazione della cosiddetta covarianza relativistica).

È interessante notare come già a quei tempi, a mia insaputa, mi stavo confrontando con l'analisi del ruolo dell'osservatore nella descrizione del reale. Dico "a mia insaputa" perché in ultimo il mio tentativo di collaborazione scientifica con Constantin non produsse l'esito voluto, anche perché a quei tempi ero ancora piuttosto confuso e insicuro, oltre che scettico, circa il contenuto delle sue idee, certamente innovative ma anche piuttosto controverse.

È indubbio però (come ebbi modo di accorgermi soprattutto molti anni dopo) che essere stato il suo assistente per più di un anno, e avere interagito con lui su base giornaliera (soprattutto nei numerosi *bistrot* dell'area ginevrina!) ha cambiato in modo irreversibile il mio modo di pensare ai misteri della fisica, i quali in sua presenza divenivano paradossalmente nel contempo più abbordabili ma anche più impenetrabili.

Dopo il mio passaggio a Ginevra, ritornai in quel di Losanna, questa volta presso la *Scuola Politecnica Federale (EPFL)*, dove iniziai una fruttuosa collaborazione con *Philippe Martin*, che come Constantin aveva avuto come mentore il fisico svizzero *Josef-Maria Jauch* (che tra l'altro fu assistente di Pauli), famoso non solo per le sue ricerche sui fondamenti matematici ed epistemologici della meccanica quantistica,[59] ma anche per essere stato uno dei fondatori della moderna *teoria della diffusione (scattering) quantistica.*

Nell'ambito di questa teoria, che descrive i processi di collisione tra i diversi enti microscopici, un problema particolarmente spinoso era quello dello studio dei *ritardi temporali*, indotti dalle interazioni. Il problema era spinoso perché, per quanto era possibile parlare in modo non ambiguo in fisica quantistica della probabilità di rilevare un'entità microscopica in un dato punto x, a un dato istante t, non era invece possibile calcolare la probabilità inversa di arrivare a un dato istante t, in un dato punto x. In altre parole, il concetto di *tempo di arrivo* non era definibile nella teoria, poiché questa, sorprendentemente, non contemplava la possibilità di un'*osservabile temporale*.

Fu il già più volte menzionato Pauli, tramite un famoso ragionamento per assurdo, a dimostrare che se si supponeva l'esistenza nella teoria quantistica di un'osservabile temporale, si giungeva allora a un'inevitabile contraddizione.[60] D'altra parte, esisteva un modo semplice, ma ingegnoso, di bypassare il problema, che era quello di rimpiazzare il concetto di *tempo di arrivo* con quello simile, ma non equivalente, di *tempo di soggiorno*. Quest'ultimo infatti, contrariamente al primo, era definibile in modo univoco nella teoria quantistica, e quindi esisteva una strada percorribile per studiare i tempi di ritardo quantistici e le loro proprietà (definiti allora come differenza tra due tempi di soggiorno, anziché come differenza tra due tempi di arrivo).

---

[59] Vedi ad esempio: *Sulla realtà dei quanti: un dialogo galileiano*, Adelphi Edizioni.

[60] Vedi ad esempio la discussione in: Sassoli de Bianchi, M., *Time-delay of classical and quantum scattering processes: a conceptual overview and a general definition.* Central European Journal of Physics, Volume 10, Number 2, Pages 282-319 (2012).

Fu a questo genere di problemi che mi misi a lavorare con Philippe, quando cominciai a collaborare con lui all'*Istituto di Fisica Teorica* del Politecnico di Losanna. Questa volta la collaborazione ebbe esito positivo, ed ebbi così la soddisfazione di scrivere e pubblicare numerosi articoli di ricerca, in riviste di livello internazionale, che andarono a formare il cuore della mia tesi di dottorato, che infine difesi nel *1995*.

Il dottorato rappresenta il passaggio all'età adulta per un ricercatore accademico. Infatti, come è scritto sullo stesso attestato: *acquisendo il grado di dottore il candidato dimostra la sua attitudine alle ricerche scientifiche.* La "dimostrazione" avviene, ovviamente, tramite l'esposizione al giudizio critico-costruttivo degli altri ricercatori (i cosiddetti "pari"), come è prassi nell'ambito di una ricerca scientifica degna di questo nome. Dunque, non senza una certa soddisfazione, divenni un fisico teorico "con attestazione di adultità". In quegli anni però, dovetti confrontarmi anche con altri problemi legati all'età adulta, di natura assai differente rispetto alle collisioni quantomeccaniche.

Ero infatti sposato e già padre di due figli (più due cani e un gatto), e un certo numero di responsabilità, soprattutto di ordine economico, gravavano sulle mie spalle. Al termine del dottorato mi trovai così a un punto di svolta: o proseguivo la mia ricerca in campo accademico, accettando le regole del gioco (i salari dei post-dottorandi, soprattutto al di fuori della Svizzera, non erano particolarmente allettanti), oppure, semplicemente, lasciavo la ricerca in vista di un impiego più remunerativo. E dal momento che quell'impiego più remunerativo mi fu offerto in quel momento su un piatto d'argento, mi sembrò ragionevole scegliere la seconda possibilità.

Questa scelta, per quanto ragionevole, produsse in me una fastidiosa dissonanza cognitiva, poiché nell'anima mi sentivo sempre un ricercatore. Per risolvere tale conflitto interiore, mi ripromisi che avrei trovato comunque un modo per continuare a fare ricerca, sebbene in ambiti non più strettamente accademici. Per un po' (circa *3* anni) riuscii nell'intento di guadagnare soldi di giorno e risolvere problemi di fisica di notte, portando avanti alcune collaborazioni scientifiche a distanza. Ma considerando gli impegni familiari, e le ridotte capacità del mio fegato nell'assimilare imponenti quantitativi di caffè, arrivai presto a un punto di rottura. Anche perché, al di fuori degli spazi-tempi di un ambiente di ricerca, diventa assai difficile mantenere vivo non solo l'interesse, ma altresì la capacità e il piacere nel produrre una ricerca di qualità, venendo a mancare quel confronto quotidiano d'idee che è alla base di ogni processo di indagine.

Ma nella misura in cui, volente o nolente, abbandonai la ricerca in fisica, comincia anche ad intensificare ed approfondire un altro approccio alla ricerca, verso il quale mi ero da sempre sentito attratto: la *ricerca interiore*. Ora, per quanto vi siano notevoli differenze tra i contenuti e le metodologie di una ricerca esteriore ed interiore, vi sono anche numerosi punti di contatto, e sicuramente delle profonde analogie. Infatti, sia per un fisico che indaga i misteri del cosmo, sia per un autoricercatore che indaga le cosiddette "dimensioni spirituali", le *osservazioni* avvengono in campi solitamente inaccessibili ai *sensi ordinari*: per la fisica moderna si tratta essenzialmente della dimensione microscopica e di quella astronomica, mentre per l'autoricercatore si tratta della dimensione interiore, accessibile unicamente mediante stati non ordinari di coscienza.

Entrambi questi approcci necessitano, al di là delle specifiche tecnologie (esteriori o interiori) che permettono di sperimentare questi livelli di realtà più nascosti, anche di un linguaggio adeguato, sufficientemente evoluto, per riuscire a descrivere il frutto di queste osservazioni-sperimentazioni. È soprattutto in questo ambito che la ricerca di un fisico teorico, che si interessa ai fondamenti delle teorie fisiche, trova numerose possibili sinergie con la ricerca interiore. Ed è nel corso della mia ricerca di un tale possibile linguaggio che alquanto inaspettatamente mi trovai ad interessarmi nuovamente al lavoro pionieristico svolto dai fondatori della scuola di Ginevra-Brussel. Più precisamente, cominciai ad interessarmi agli scritti di *Diederik Aerts*, un allievo di Constantin, che a differenza di quest'ultimo possedeva, oltre al dono della chiarezza espositiva, un notevole talento per le visioni *transdisciplinari*.[61]

---

[61] La *transdisciplinarità* è un approccio scientifico ed intellettuale che mira alla piena comprensione della complessità del reale.

Iniziai così ad integrare le suggestive idee di Diederik in alcuni miei scritti di autoricerca. A quei tempi decisi anche di abbandonare la carriera come manager, e per un po' tornai a insegnare fisica, questa volta al liceo di Lugano. Fondai anche un piccolo laboratorio privato, volto allo studio e all'insegnamento della ricerca interiore,[62] e in quell'ambito ripresi nuovamente, a mia grande sorpresa, ad occuparmi attivamente di fisica. Cominciai con lo scrivere alcuni testi divulgativi ed ebbi anche il piacere di entrare in contatto con Diederik, che m'incoraggiò a proseguire nel mio sforzo di chiarificazione e divulgazione dell'approccio che lui e Constantin avevano originato, e che con il suo gruppo a Brussel stava ulteriormente sviluppando.

Così, dopo il mio "giro di boa" al termine del dottorato, e malgrado fossero passati ormai numerosi lustri, ripresi ad occuparmi professionalmente di ricerca fondamentale in fisica, scrivendo e pubblicando nuovamente articoli di ricerca, sebbene questa volta come ricercatore indipendente, e avendo altresì raccolto lungo il percorso il prezioso strumento della ricerca interiore, che resta a tutt'oggi il mio principale campo di interesse.

Questo mio duplice ruolo, sia di fisico nel senso più tradizionale del termine, sia di autoricercatore, fa di me una persona dalle caratteristiche peculiari. Intendiamoci bene, non sono certo l'unico al mondo ad interessarsi contemporaneamente di fisica e di spiritualità; d'altra parte, non sono poi così tanti gli individui che promuovono sia un approccio pragmatico e disincantato alla ricerca interiore, non contaminato da inutili dogmatismi religiosi o pregiudizi culturali (nella misura del possibile), sia una ricerca approfondita sui fondamenti delle teorie fisiche.

Ci sono tante sedicenti guide spirituali che oggigiorno parlano e scrivono – spesso a sproposito – di fisica quantistica, atteggiandosi a veri e propri esperti in materia, quando nel migliore dei casi hanno forse letto qualche libricino di divulgazione, o visionato alcuni video su internet. D'altra parte, è noto che sia oggi sufficiente abbinare la parola "quantistica"

---

[62] Trattasi del *LAB – Laboratorio di Autoricerca di Base*; vedi: *www.autoricerca.ch*.

alla descrizione di un seminario esperienziale per raccogliere subito più iscritti, o al titolo di un libro di spiritualità per vederne aumentare le vendite. L'uomo è da sempre alla ricerca di certezze, e la quantistica, in quanto scienza, sembra essere divenuta il nuovo strumento da manipolare onde conseguire, costi quel che costi, tali certezze.

Naturalmente, così come spesso scarseggia la cultura scientifica nell'ambito della ricerca spirituale, soprattutto nei cosiddetti movimenti *New-Age*, allo stesso modo scarseggia la comprensione dei contenuti di una seria ricerca spirituale da parte di molti scienziati istituzionali, fisici compresi. Questo sia perché non possiedono una sufficiente esperienza personale in materia di percezioni non-ordinarie, sia perché aderiscono, senza saperlo, alla visione di uno stretto *fisicalismo*. Dico "senza saperlo" non perché non siano consapevoli di avvalorare tale posizione filosofica, che ritiene che ogni conoscenza, in ultima analisi, sia riconducibile agli enunciati della fisica, quanto perché non sono spesso consapevoli che la rigidità di tale posizione ha spesso il sapore di un vero e proprio dogma, che limita inutilmente il potere esplicativo delle loro teorie della realtà.

Curiosamente, possiamo individuare le tracce di questo stesso fisicalismo anche nel tentativo di molti "guru" dei nostri giorni di conferire un fondamento alle diverse fenomenologie paranormali (i famosi *poteri spirituali* – o *siddhi* – così come descritti ad esempio nell'antica via dello *Yoga*) per mezzo della fisica quantistica, forzandone l'interpretazione alfine di "dimostrare scientificamente" l'azione della mente osservatrice sulla materia.

Naturalmente, chiunque abbia avuto esperienze personali sufficientemente significative in ambito parapsichico sarà mosso dal desiderio più che lecito di trovare una spiegazione attendibile per queste esperienze, cioè dei meccanismi in grado di spiegare fenomeni quali la telepatia, la chiaroveggenza, le premonizioni e le precognizioni, la visione a distanza, gli stati extracorporei, e via discorrendo. E naturalmente, l'idea di una possibile dinamica psicofisica associata al processo osservativo quantistico sembra proprio cadere a fagiolo!

Va detto che gli stessi padri della fisica quantistica erano molto sensibili alle tematiche della ricerca spirituale e hanno portato avanti un dibattito assai nutrito e prolungato nel tempo nel tentativo di determinare quali potessero essere, se del caso, i risvolti mistico-metafisici della nuova teoria,[63] in particolar modo per quanto attiene a un possibile meccanismo di azione della mente sulla materia.

Oggi però possiamo affermare, sulla base di una visione più matura e disincantata della teoria quantistica, che questa in nessun modo contempli un tale meccanismo. Questo perché, come ho cercato di spiegare in questo libricino, non è assolutamente necessario invocarlo per comprendere l'origine delle probabilità quantistiche; e beninteso, non ha alcun senso introdurre *ad hoc* spiegazioni aggiuntive quando queste non rispondono a un preciso *gap* cognitivo (rasoio di *Occam*).

Questo per dire che pur avendo personalmente sperimentato molti dei cosiddetti fenomeni paranormali, posso affermare in piena conoscenza di causa – avendo "un piede in due staffe" – che non è assolutamente lecito strumentalizzare l'effetto osservatore quantistico per cercare a tutti i costi di dare un fondamento scientifico all'azione della mente sulla materia-energia. Dal mio punto di vista, volerlo fare significa essere o scientificamente un po' ingenui, oppure intellettualmente disonesti. Tra l'altro, paradossalmente, insistere nel farlo significa anche aderire, come già ribadito, a un rigido fisicalismo, ossia a una visione filosofica che solitamente è chiusa rispetto alle dimensioni spirituali.

Mi spiego meglio, e su questo concludo questa mia nota personale. Il fisicalismo ritiene che le nostre spiegazioni scientifiche si fondino sulla conoscenza delle leggi della fisica. Non dobbiamo però dimenticare che la fisica, a sua volta, fonda essenzialmente le sue conoscenze sui dati sperimentali raccolti. Questi dati vengono raccolti facendo uso di particolari strumenti di misurazione-osservazione, che sono generalmente costituiti da oggetti macroscopici ordinari, *inanimati*.

Una delle ipotesi implicite nella visione del fisicalismo, è che i corpi inanimati siano essenzialmente equivalenti, dal punto di vista delle loro proprietà fondamentali, ai corpi *animati*, in

---

[63] Marin, J. M., "'Mysticism' in quantum mechanics: the forgotten controversy." Eur. J. Phys. 30 (2009) 807–822.

accordo con il punto di vista delle moderne neuroscienze, che considerano la coscienza un mero *epifenomeno*.

D'altra parte, se teniamo debitamente conto degli innumerevoli dati intersoggettivi raccolti da autoricercatori di ogni dove, cultura, età e genere, nelle diverse epoche, che si sono interessati alla cosiddetta "dimensione sottile" del vivente, è possibile ipotizzare (per quanto speculativamente) che gli organismi viventi, e in particolar modo gli esseri umani, dispongano di una "fisicità ampliata". Ossia, che il loro campo di manifestazione andrebbe oltre ciò che i nostri strumenti inanimati di laboratorio sarebbero in grado di rilevare. Se questa ipotesi è ammissibile, come ritengo che lo sia, allora non avrebbe senso cercare possibili meccanismi psicofisici nell'ambito della fisica quantistica, poiché tale teoria, per quanto sofisticata e avanzata essa sia, non si è mai occupata di campi di materia sottile, associati al vivente, ma di campi di materia ordinaria, associati a strumentazioni ordinarie, inanimate.

È indubbio che la realtà non sia indipendente dalle menti (o coscienze) partecipatrici che la popolano. Le menti, come è noto, agiscono nella realtà mediante i corpi con cui esse si manifestano, compiendo azioni che promuovono sia scoperte che creazioni.[64] Ogni volta che beviamo un semplice bicchiere d'acqua, la nostra mente agisce nella realtà, che pertanto non può essere considerata totalmente indipendente da essa.

La questione scientificamente rilevante, a tutt'oggi aperta, non è quindi quella di comprendere se la mente sia o meno in grado di agire sulla materia, poiché già sappiamo che è in grado di farlo, quanto piuttosto determinare in quanti modi diversi sarebbe in grado di farlo, cioè quanti e quali sarebbero i veicoli di manifestazione della coscienza, nei diversi livelli e piani della vasta realtà multidimensionale.

Tale domanda apre a futuri scenari di ricerca (per alcuni lettori sicuramente fantascientifici), dove la ricerca fisica

---

[64] Questa affermazione non è in contraddizione con l'ipotesi del realismo. È importante distinguere un processo fisico-energetico, tramite il quale una mente agisce nella realtà, modificandola, da una mera rappresentazione cosciente dei diversi fenomeni cui una mente ha accesso, tramite la propria esperienza.

convenzionale, che impiega strumentazioni inanimate, potrebbe integrarsi a una ricerca di più ampio respiro, che impiegherebbe nelle sue indagini strumentazioni anche viventi (come ad esempio degli esseri umani debitamente formati e allenati allo scopo), in grado di rilevare l'intero spettro dei campi multimateriali che possibilmente caratterizzano la dimensione del vivente, quindi del reale, di cui l'uomo sembra fare esperienza sin dalla notte dei tempi.

Concludo lasciando la parola al fisico americano *Harold Puthoff*:[65]

> Quando uno dei nostri soggetti completa un esperimento di psicocinesi, gli chiediamo sempre: "Come avete fatto? Che cosa è accaduto in voi?" E la risposta che ci viene sempre data […] è che l'unica cosa che ha fatto il soggetto, è stata in un certo modo quella di trovare dove c'era la vita nell'oggetto, e che l'oggetto era momentaneamente divenuto qualcosa di vivo.

---

[65] Tratto da una discussione tenutasi durante il *Colloque de Cordoue*, organizzato nel 1979 da *France-Culture*, dal titolo: *Scienza e Coscienza: le due letture dell'universo*.

IL PRINCIPIO DI HEISENBERG E LA FISICA DEGLI SPAGHETTI

Massimiliano Sassoli de Bianchi

PREMESSA

Questo testo contiene la "traslitterazione" (rivista e leggermente ampliata) di un video pubblicato su *YouTube* il *5 aprile 2012*, dal titolo *Principio di Heisenberg e Non-spazialità (Non-località) Quantistica.*[1]

Alla data in cui scrivo questa premessa, dopo circa *10 mesi* dalla sua pubblicazione, il video ha ricevuto più di *26'000* visualizzazioni![2] Considerando che si tratta di un video di quasi un'ora e mezza, in italiano, che parla esclusivamente di fisica, ritengo si tratti di un risultato di tutto rispetto.

Il successo del video è una delle ragioni che mi hanno spinto a redigere questo libricino. Ho pensato, infatti, fare cosa gradita a coloro che hanno apprezzato il filmato nell'offrire la possibilità di ripercorrerne il contenuto in una forma non solo stilisticamente un po' più curata, ma anche, forse, più idonea al prosieguo della meditazione circa i suoi sottili contenuti.

Un'altra importante ragione è ovviamente quella di consentire anche ai non-frequentatori abituali di *YouTube* di accedere alle spiegazioni contenute nel video, sperando che anche la sua versione stampata possa riscuotere un certo successo.

Prima di entrare nel vivo del soggetto, permettetemi di riportare alcuni dei numerosi commenti apprezzativi che ho ricevuto in relazione al video. Questo non tanto per indulgere in un mio narcisistico autocompiacimento, quanto semplicemente perché ritengo che questi commenti, del tutto estemporanei, siano in grado di esprimere piuttosto bene alcune delle caratteristiche del testo che vi apprestate – mi auguro! – a leggere.

[1] *http://youtu.be/nN3BWe4LanQ*
[2] Nel febbraio 2019, le visualizzazioni sono diventate 158'000.

Commento di S. F.: *Non sono in grado di rilevare errori o imperfezioni e ancor meno di addentrarmi in una critica di merito. Trovo però la spiegazione incredibilmente chiara per chi voglia avere un'idea generale delle problematiche. Il principio di indeterminazione mi faceva impazzire per la sua incompatibilità con le esperienze quotidiane e mi tagliava fuori da letture un po' approfondite sulla fisica quantistica. Grazie per averci regalato il Suo tempo e la Sua competenza!*

Commento di H.: *Ottimo video. Imperfezioni eventuali sono un piccolissimo prezzo da pagare per aver reso comprensibile una materia tanto ostica a (davvero) chiunque. Bravo!*

Commento di F. G.: *Grazie davvero. Lo sto seguendo pezzo per pezzo, poi cerco di trovare conferme alla mia comprensione su altre letture. Ieri mi sono rivisto la parte di Heisenberg e la non-spazialità e l'ho iniziata a capire. Che in alcuni casi è più un accettare di non poter "capire."*

Commento di T. M. F.: *Ti ringrazio per la spiegazione [...] Mi è piaciuta molto anche la parte sugli spaghetti, brillante metafora per capire l'influenza dello sperimentatore sul sistema fisico, ben oltre la banalità dei concetti classici.*

Commento di P.: *Interessante e veramente ben fatto. Mi occupo di filosofia della scienza in USA; proprio poche ore fa dibattevo sulla difficoltà linguistica relativa alla dicibilità dei concetti di meccanica quantistica in modo non ambiguo e distinto dalla classica ontologia, che genera fraintendimenti e spesso imprecisioni; segnalerò la tua valida presentazione come ottimo esempio. Congratulazioni.*

Commento di M.: *Veramente interessante. Grazie. Adesso però odio a morte i cubetti di legno... Ci saranno altre di lezioni?*

Naturalmente, per *par condicio*, devo precisare che non sono mancati anche alcuni commenti meno entusiasti, o decisamente più critici circa i contenuti del video, o il modo in cui questi sono stati presentati e/o spiegati. Ecco un esempio:

Commento di M.: *Anche avendo una grande passione (amatoriale) per l'argomento, dopo 6 minuti mi sono annoiato e perso ... se ti addentri in grafici e formule, allora il video non è per tutti. [...] Se le cose spiegate nel video le avessi lette in un libro sarebbe stata la stessa cosa.*

Bene, mi auguro che questo commento, per quanto poco elogiativo, prefiguri un possibile successo anche della versione in "formato libro" del mio video-lavoro. Concludo questa premessa con un ultimo commento che a suo tempo ho ricevuto:

Commento di M. G.: *Ciao a tutti, sono uno scrittore di fantascienza. Secondo il principio di indeterminazione di Heisenberg, la probabilità che una persona sparisca per ricomparire in un altro luogo (tipo da Milano a Roma) esiste, ma è ovviamente infinitesimale [...] ma come si calcola? Questa domanda solitamente la poneva il famoso fisico Michio Kaku ai suoi studenti in sede di esame. Qualcuno sa aiutarmi indicandomi una formula? Grazie!*

Questo commento, rivoltomi dallo scrittore di fantascienza, mi ha poi stimolato a scrivere un articolo in cui ho cercato di rispondere, sia in termini qualitativi che quantitativi, al suo interessante quesito, solo apparentemente da manuale.[3]

---

[3] L'articolo in questione è contenuto nel presente volume [N.d.E].

AVVERTIMENTO

Leggendo questo scritto, avrete modo di *comprendere*, abbastanza approfonditamente:

* Il famoso *Principio di Indeterminazione di Heisenberg*, che descrive i limiti insiti in alcuni dei nostri processi osservativi.
* L'*Effetto Compton*, che descrive l'interazione di un'onda elettromagnetica con una "particella" microscopica.
* Le ragioni del *Principio di Complementarità di Bohr*, che è poi un principio di incompatibilità.
* Il *Criterio di Realtà* (o di esistenza) elaborato da *Einstein*, *Podolski* e *Rosen*.
* La misteriosa *Non-Spazialità* delle entità quantistiche di natura microscopica, spesso indicata con il termine di non-località.
* La possibilità (o meglio l'impossibilità) di *Autoteleportazione* di un corpo macroscopico.

Ma per comprendere tutto questo dovrete fare la vostra parte, cioè rimanere concentrati e leggere con molta attenzione. Non tanto perché quello che vi dirò sia tecnicamente difficile. A dire il vero, è tutto piuttosto semplice. Concettualmente parlando però, è anche tutto piuttosto sottile.

In altre parole, non date nulla per scontato!

Detto questo, permettetemi un ulteriore, piccolo avvertimento, che potrete applicare con vantaggio a tutte le vostre letture.

Le pagine di un libro (stampato o elettronico), o i contenuti di un video, possiedono una particolarissima proprietà: sono in grado di accettare ogni varietà di lettere, parole, frasi e illustrazioni senza mai esprimere una critica, o una disapprovazione.

È importante essere pienamente consapevoli di questo fatto, quando percorriamo un documento, affinché la lanterna del nostro discernimento possa sempre accompagnare la nostra lettura.

Per esplorare nuove possibilità è indubbiamente necessario rimanere aperti mentalmente, ma è ugualmente importante non cedere alla tentazione di assorbire acriticamente tutto quanto ci viene presentato.

In altre parole, l'avvertimento è di sottoporre sempre il contenuto delle nostre letture al vaglio del nostro senso critico ed esperienza personale.

Primo tempo
IL PRINCIPIO DI HEISENBERG

Cominciamo con un esperimento del tutto elementare. Ci troviamo sulla superficie di un lago ghiacciato, di notte. Il sistema fisico che ci poniamo di studiare è un *cubetto di legno*, e lo strumento che abbiamo a disposizione per farlo è una *macchina fotografica*, con *flash* incorporato.

La *procedura sperimentale* è la seguente: un nostro collega lancia il cubetto sulla superficie ghiacciata, avendo cura di farlo scivolare senza che ruoti. (Per semplificare la discussione, supporremmo che il cubetto sia in grado di scivolare in assenza completa di attriti).

A questo punto, noi scattiamo una prima foto, al tempo $t = 0 \ s$ (s = secondi). Questa prima foto ci rivela che il cubetto di legno si trovava, in quel preciso istante, nella posizione x_0 (vedi Figura 1).

Dopo esattamente un secondo, cioè al tempo $t = 1 \ s$, scattiamo una seconda foto. Questa ci rivela che il cubetto si trovava, in quel preciso istante, a un centimetro di distanza rispetto alla posizione precedente, ossia nella posizione: $x_1 = x_0 + 1 \ cm$.

Questo ci permette di concludere che la velocità v del cubetto è esattamente di un centimetro al secondo: $v = 1 \ cm/s$.

Riassumendo, al tempo $t = 1 \ s$, conosciamo *sia la posizione del cubetto, sia la sua velocità*. In altre parole, conosciamo *simultaneamente* entrambi i valori di queste due grandezze fisiche. E questo ci consente di *predire con certezza* ogni altra posizione che il cubetto occuperà, in tempi successivi.

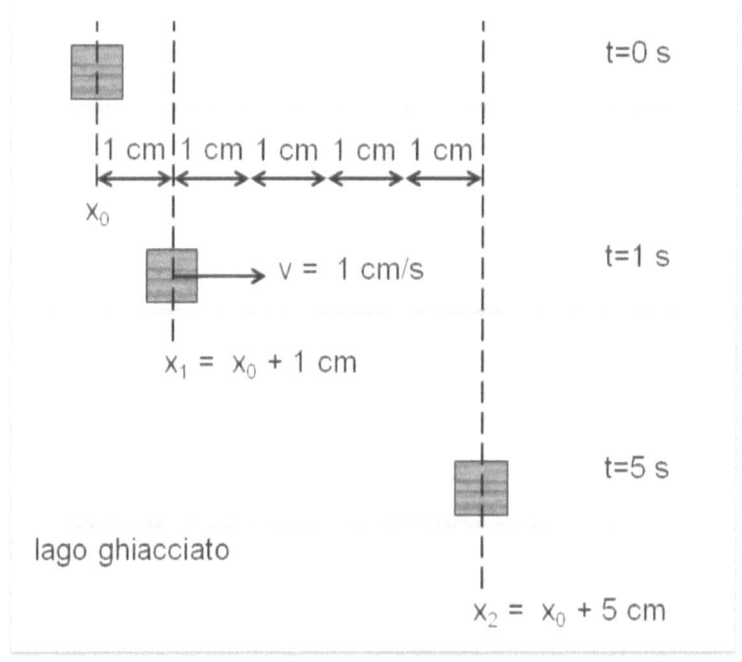

Figura 1. *I tre fotogrammi, che indicano le tre diverse posizioni del cubetto di legno, ai tre diversi istanti di tempo $t = 0, 1, 5\ s$.*

Ad esempio, dato che sappiamo che il cubetto si muove alla velocità di un centimetro al secondo ($v = 1\ cm/s$), possiamo predire con certezza che dopo ulteriori 4 secondi, cioè al tempo $t = 5\ s$, si troverà esattamente nella posizione $x_2 = x_0 + 5\ cm$, com'è facile confermare prendendo un'ultima fotografia, esattamente in quell'istante (vedi Figura 1).

Enunciazione del principio

Veniamo ora al famoso *Principio di Indeterminazione di Werner Heisenberg*, che per comodità indicheremo in seguito con la sigla "PIH." Che cosa ci dice, esattamente, questo principio? Ebbene, molto semplicemente, che contrariamente a quanto abbiamo appena osservato in relazione al cubetto di legno:

Non c'è modo di determinare simultaneamente, con precisione arbitrariamente grande, sia la posizione (x) che la velocità (v) di una particella microscopica, nemmeno col più sofisticato degli strumenti di misura!

Naturalmente, non c'è contraddizione tra questo principio e il nostro precedente esperimento, dato che un cubetto di legno non è un corpo *micro*scopico, bensì un corpo *macro*scopico, cioè un corpo di grandi dimensioni.

Ora, è possibile enunciare il PIH in modo un po' più preciso, con l'ausilio di una relazione matematica molto semplice (niente paura!). Questa relazione afferma che l'*errore minimo* $Er(x)$ con cui possiamo determinare la posizione x di una particella microscopica, a un dato istante, moltiplicato per l'*errore minimo* $Er(v)$ con cui possiamo determinarne, allo stesso istante, la sua velocità v, deve essere sempre all'incirca uguale a una specifica *costante c*.

In scrittura matematica, quello che ho appena affermato si riassume nella seguente relazione (il simbolo "$\cong$" significa "all'incirca uguale a"):

$$Er(x) \cdot Er(v) \cong c$$

Per fare un esempio, nel caso di un *elettrone*, se misuriamo l'errore sulla posizione in *centimetri (cm)*, e l'errore sulla velocità in *centimetri al secondo (cm/s)*, la costante c vale pressappoco   1 $(c \cong 1\ cm/s)$.

Per meglio comprendere il contenuto di questa relazione, possiamo visualizzarla graficamente, rappresentandola come una *curva* (vedi Figura 2), di modo che solo i punti che si trovano sulla curva soddisfano il PIH.

Scegliamo tra questi il punto più vicino all'origine del grafico. Come possiamo vedere sulla Figura 2, corrisponde alla situazione dove abbiamo ridotto al meglio, contemporaneamente, sia l'errore sulla posizione che l'errore sulla velocità.

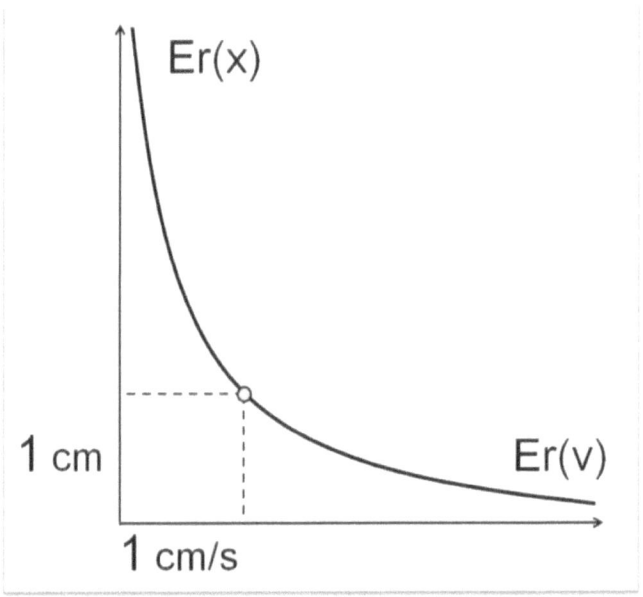

Figura 2. *I punti che si trovano sulla curva obbediscono al PIH. Nella figura è rappresentato un punto che riduce al meglio sia l'errore minimo sulla posizione che quello sulla velocità.*

Ma che cosa succede se volessimo ridurre ulteriormente, diciamo di un decimo (1/10), l'errore sulla determinazione della posizione dell'elettrone?

Per fare questo, e dal momento che siamo costretti a muoverci sulla curva (altrimenti violiamo il PIH), dobbiamo evidentemente spostare il punto verso destra. Così facendo però, pur riducendo di un decimo l'errore sulla posizione, aumenteremo contemporaneamente di un fattore 10 l'errore sulla velocità (vedi Figura 3).

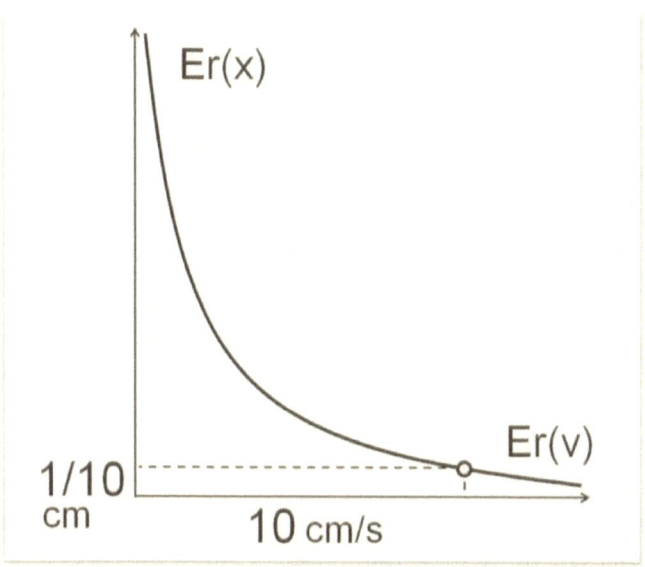

Figura 3. *Riducendo di 1/10 l'errore sulla posizione, si aumenta di un fattore 10 l'errore sulla velocità.*

Stessa cosa, ovviamente, se invece della posizione cerchiamo di ridurre ulteriormente l'errore sulla determinazione della velocità, spostando il punto verso sinistra.

Bene, ma cerchiamo ora di comprendere per quale ragione il Professor Heisenberg avrebbe ideato il suo bel principio di indeterminazione.

Vedere un corpo

Cominciamo innanzitutto col chiarire che cosa significhi *vedere un corpo macroscopico*. Consideriamo ancora una volta il cubetto di legno. Se vogliamo vederlo dobbiamo necessariamente *illuminarlo con una fonte luminosa*, come ad esempio una torcia elettrica.

Quando i raggi luminosi colpiscono il cubetto, vengono deviati, fino a giungere allo strumento di rilevazione, che ad esempio potrebbe essere il vostro *occhio*, o meglio il vostro sistema *occhio-cervello* (vedi Figura 4).

In altre parole, vedere un oggetto significa, grosso modo,

rilevare la luce *diffusa* da quell'oggetto.

Possiamo osservare che quando con la torcia illuminiamo il cubetto, questo non viene in alcun modo disturbato dal nostro processo di osservazione. Si tratta di un processo *non invasivo*, tramite il quale siamo in grado di *scoprire ciò che già esiste, a prescindere dalla nostra osservazione.*

Nella fattispecie, possiamo scoprire non solo l'esistenza del cubetto in quanto tale, ma anche le sue caratteristiche di forma e colore, e ovviamente la sua specifica posizione nello spazio.

Come per l'esperimento precedente, sul lago ghiacciato, tramite l'osservazione siamo in grado di determinare, *congiuntamente*, sia la posizione che la velocità del cubetto, senza disturbarlo (velocità che in questo caso è nulla).

Con le entità microscopiche questo però non è più possibile, ma per capirne la ragione dobbiamo prima indagare alcune delle caratteristiche delle *onde luminose*.

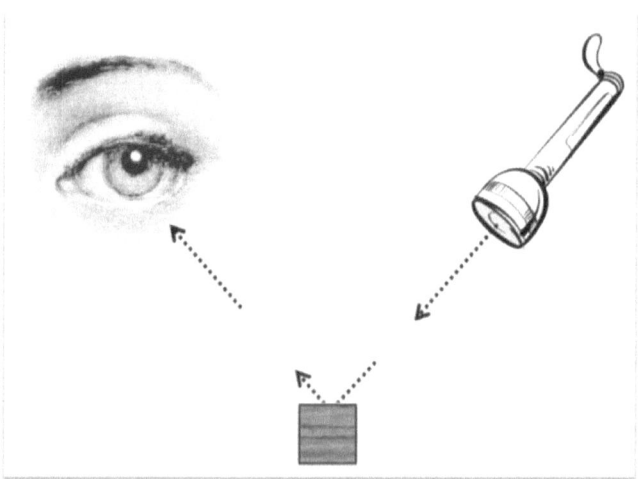

Figura 4. *Vedere significa osservare luce diffusa.*

La luce non si comporta esattamente come dei raggi rettilinei infinitamente sottili, ma come delle *onde*, e più esattamente delle *onde di natura elettromagnetica.*

Le onde sono caratterizzabili da alcuni parametri specifici. Nel caso delle cosiddette *onde piane* (la forma più semplice possibile per un'onda), uno di questi parametri è la *lunghezza d'onda*, solitamente rappresentata dalla lettera greca λ (lambda).

La lunghezza d'onda altro non è che la *distanza tra due picchi successivi dell'onda*. (vedi Figura 5).

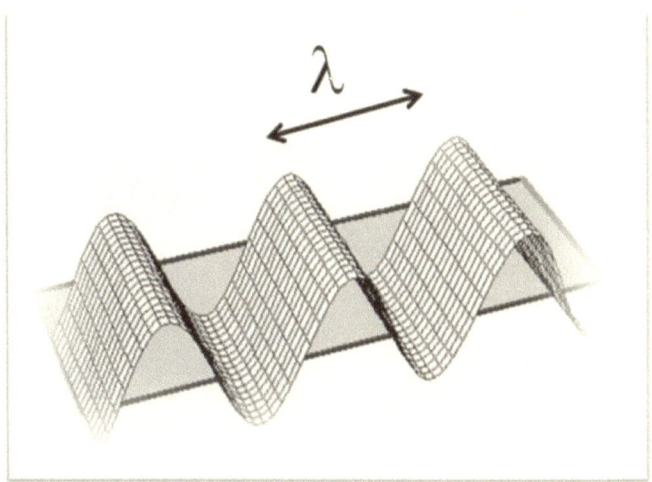

Figura 5. *La lunghezza d'onda λ di un'onda piana è la distanza tra due suoi picchi successivi.*

Ma ora chiediamoci: *che cosa succede quando un'onda, di lunghezza d'onda λ, incontra un ostacolo di dimensione d?*

Ebbene, se la dimensione d dell'ostacolo è piccola rispetto alla lunghezza d'onda λ ($d \ll \lambda$), tipicamente non succederà un bel niente, nel senso che l'onda si propagherà indisturbata, come se l'ostacolo non fosse presente. Facciamo un esempio molto semplice.

Consideriamo le onde del mare che passano sotto un grosso pontile. I pali su cui poggia il pontile sono gli ostacoli. Come possiamo osservare nella foto della Figura 6, le onde si propagano verso riva del tutto incuranti dei pali, nel senso che in nessun modo i pali sono in grado di deviarne la direzione di propagazione.

Ci troviamo qui nella tipica situazione dove l'ostacolo è piccolo rispetto alla lunghezza d'onda dell'onda, e non può essere rilevato da quest'ultima.

Figura 6. *Quando la dimensione dell'ostacolo d è piccola rispetto alla lunghezza d'onda λ dell'onda (d ≪ λ), quest'ultima non subisce deviazioni.*

Che cosa accade invece se la dimensione d dell'ostacolo è grande rispetto alla lunghezza d'onda λ dell'onda ($d \gg \lambda$)?

Possiamo considerare l'esempio di un piccolo isolotto. Come possiamo vedere nel disegno della Figura 7, che offre una prospettiva dall'alto, l'onda in arrivo da nord "si avvolge" lungo i due lati dell'isola, cambiando pertanto la sua direzione di propagazione. In questo modo, dietro all'isola, viene a determinarsi una sorta di "zona d'ombra," dove l'onda *interferisce* con sé stessa.

Ci troviamo qui nella tipica situazione in cui l'ostacolo è grande rispetto alla lunghezza d'onda λ dell'onda, ed è quindi in grado di modificarne in modo rilevabile il moto.

Grazie a questi due esempi, dovrebbe essere intuitivamente chiaro a tutti che la lunghezza d'onda λ dell'onda utilizzata per vedere un oggetto, pone un limite alla precisione con la quale sarà possibile localizzarlo nello spazio.

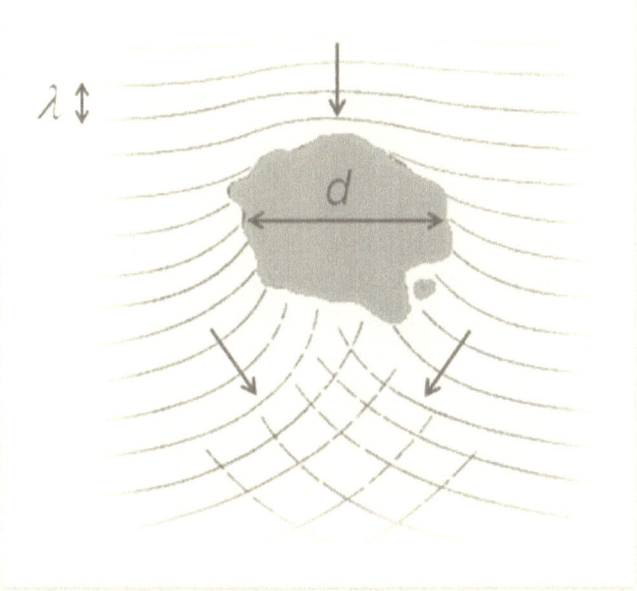

Figura 7. *Quando la dimensione dell'ostacolo d è grande rispetto alla lunghezza d'onda λ dell'onda (d ≫ λ), quest'ultima subisce delle importanti deviazioni.*

Infatti, se la lunghezza d'onda è troppo grande rispetto alla taglia dell'oggetto, l'onda non verrà deviata dallo stesso, e non avremo modo di accorgerci della sua presenza. Questo significa che:

Il cosiddetto potere di risoluzione di uno strumento ottico non potrà mai essere superiore alla lunghezza d'onda λ della radiazione utilizzata.

La risoluzione di uno strumento ottico non dipende però unicamente dalla lunghezza d'onda, ma anche dall'*angolo di apertura α* (alfa) dello strumento (vedi Figura 8), a causa dei noti *fenomeni rifrattivi*, che confondono le immagini degli oggetti, ponendo un limite ai dettagli che siamo in grado di distinguere.

Maggiore è l'angolo di apertura α, e migliore sarà anche la risoluzione dello strumento.

Quindi, riassumendo, il potere di risoluzione di uno strumento ottico, come ad esempio un microscopio, dipenderà sia dalla lunghezza d'onda λ utilizzata, sia dall'apertura α dello strumento.

È possibile sintetizzare tutto questo in una semplice relazione matematica, che afferma che l'*errore minimo* $Er(x)$ che commettiamo nel determinare la posizione x di un corpo, a causa del limitato potere di risoluzione di uno strumento, è direttamente proporzionale alla lunghezza d'onda λ della radiazione utilizzata, e inversamente proporzionale al *seno* dell'angolo α di apertura dello strumento.

Figura 8. *Maggiore è l'angolo α di apertura e migliore è la risoluzione dello strumento.*

In scrittura matematica, quello che ho appena affermato si riassume nella seguente espressione:

$$Er(x) = \frac{\lambda}{sen\,\alpha}$$

Detto questo, se non avete mai sentito parlare della funzione trigonometrica del *seno* (abbreviata in "sen" nell'espressione) non preoccupatevi, non ha molta importanza per il prosieguo del nostro ragionamento.

Come si evince da questa semplice relazione, se volgiamo ridurre l'errore nella determinazione della posizione x, una possibile strategia consiste nel ridurre la lunghezza d'onda λ della radiazione utilizzata.

Questo è naturalmente sempre possibile farlo, poiché abbiamo a disposizione un intero *spettro elettromagnetico*, virtualmente infinito, che va dalle *onde radio*, di grande lunghezza d'onda, fino ai cosiddetti *raggi* γ (gamma), la cui lunghezza d'onda è molto piccola (vedi Figura 9).

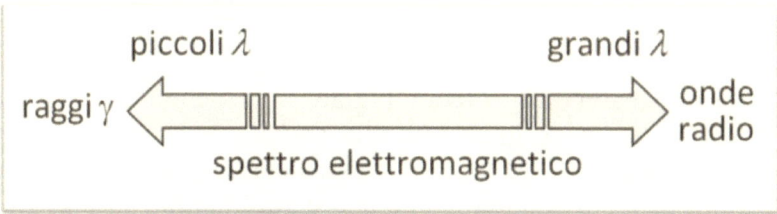

Figura 9. *Lo spettro elettromagnetico è costituito dall'insieme di tutte le radiazioni elettromagnetiche, di diverse lunghezze d'onda λ.*

Quindi, usando una radiazione di tipo γ, dovrebbe essere possibile, se non altro in linea di principio, ridurre enormemente l'errore nella determinazione della posizione spaziale x, e di conseguenza rilevare anche la posizione dei più minuscoli (presunti) corpuscoli, come ad esempio un *elettrone*.

Ora, come abbiamo visto, guardare dove si trova un oggetto significa inviare su quell'oggetto un'onda elettromagnetica, e osservare in seguito la diffusione di quell'onda. Questo significa che l'onda dovrà interagire con l'oggetto in questione, per esempio un *elettrone*. *Ma che cosa significa, in questo ambito specifico, interagire?*

Effetto Compton

Per fissare le idee, consideriamo il caso molto semplice di due *biglie*, in grado di scivolare su un piano senza attriti (e senza ruotare). La prima, di colore nero, è immobile, mentre la seconda, di colore bianco, va incontro alla prima con una velocità v (vedi Figura 10).

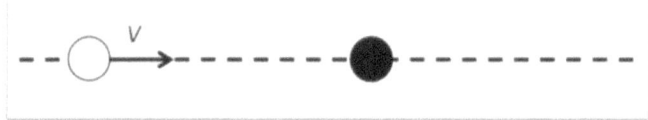

Figura 10. *La situazione prima della collisione: la biglia bianca si muove verso la biglia nera, con velocità v.*

Possiamo osservare (vedi Figura 11) che in seguito all'*interazione*, cioè in seguito alla *collisione*, la biglia bianca viene deviata dalla sua traiettoria iniziale, scambiando una certa *quantità di moto* (quindi anche una certa *quantità di energia*) con la biglia nera, che si mette a sua volta in movimento.

Fin qui tutto chiaro. Ma che cosa accade se la biglia nera, anziché essere un corpo macroscopico, è una *particella elementare*, ad esempio un *elettrone* (che per comodità rappresenteremo sempre come se fosse una biglia nera, sebbene tale raffigurazione sia del tutto inadeguata) e la biglia bianca non è più una biglia, ma un'onda elettromagnetica? (vedi Figura 12).

In questo caso, la situazione dopo la collisione è all'incirca quella rappresentata nella Figura 13. Se confrontate la Figura 13 con la Figura 11, noterete che il processo d'interazione assomiglia molto al precedente: l'onda in arrivo, come se fosse una biglia, è in grado di comunicare all'elettrone una certa quantità di moto, ponendolo anche in questo caso in movimento, con velocità v'.

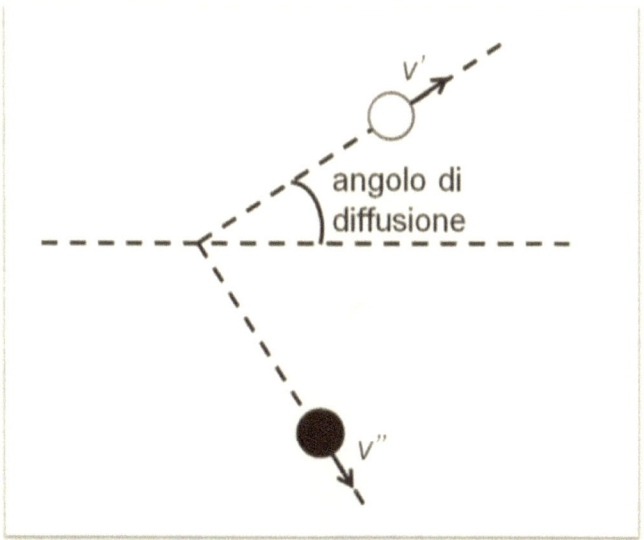

Figura 11. *La situazione dopo la collisione: la biglia bianca si muove con velocità v', inferiore alla velocità iniziale v, e con un determinato angolo di diffusione; la biglia nera, che ha ricevuto una certa quantità di moto, si mette anch'essa in movimento, con velocità v''.*

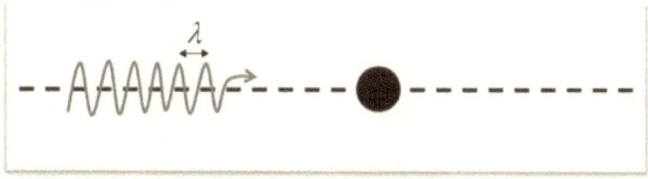

Figura 12. *La situazione prima della collisione: l'onda elettromagnetica (di lunghezza d'onda λ) si propaga (alla velocità della luce) in direzione dell'elettrone.*

Ma guardate attentamente che cosa accade all'onda diffusa, confrontando la Figura 13 con la Figura 12. Noterete che la lunghezza d'onda λ dell'onda incidente, in seguito all'interazione, è cambiata. Infatti, la lunghezza d'onda λ' dell'onda diffusa è maggiore rispetto a λ (ossia, $\lambda' > \lambda$).

Questo effetto, di aumento della lunghezza d'onda, è detto *effetto Compton*, poiché fu evidenziato per la prima dal fisico statunitense *Arthur Compton*.

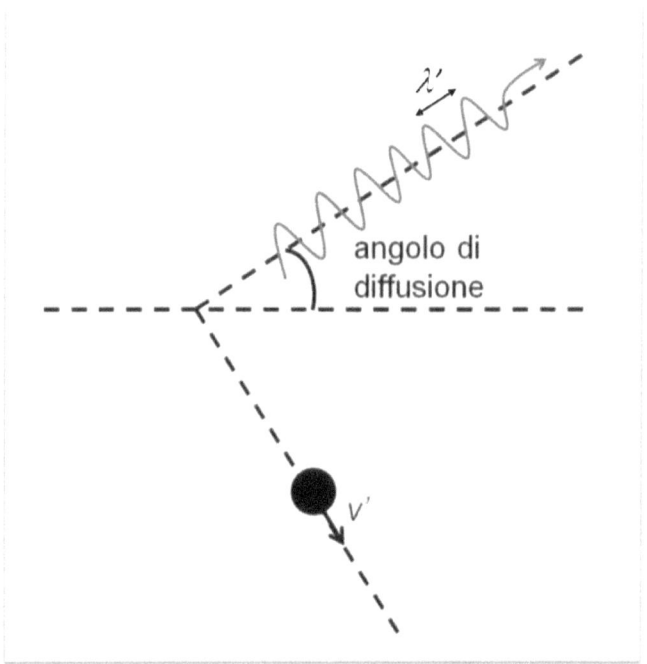

Figura 13. *La situazione dopo la collisione: l'onda elettromagnetica viene diffusa con un certo angolo di diffusione, e con una lunghezza d'onda λ' superiore alla lunghezza d'onda iniziale λ.*

Quello che ci interessa qui evidenziare è che le onde elettromagnetiche, come le biglie in movimento, possiedono anch'esse una certa *quantità di moto*, e quando interagiscono con delle particelle elementari, come gli elettroni, sono in grado di cedergli parte della loro quantità di moto. E quando questo accade, la loro lunghezza d'onda varia, nel senso che aumenta.

Questo significa, tra le altre cose, che le onde elettromagnetiche possiedono una quantità di moto che è inversamente proporzionale alla loro lunghezza d'onda. Traducendo questa osservazione in termini matematici, possiamo scrivere:

$$p = \frac{h}{\lambda}$$

dove la costante di proporzionalità h è la famosa *costante di Planck*, il cui valore è davvero molto piccolo (circa 6,626 · $10^{-34}\, J \cdot s$).

Ora, se desideriamo determinare il valore della quantità di moto ceduta dall'onda elettromagnetica al corpuscolo elettronico, non è sufficiente conoscere la lunghezza d'onda λ' dell'onda diffusa. Bisogna infatti conoscere anche l'*angolo di diffusione*.

Questo perché la quantità di moto, come la velocità, è una grandezza *vettoriale*, e le grandezze vettoriali possono variare per due ragioni distinte: perché varia il loro *valore numerico*, o perché varia la loro *direzione*.

Se non avete capito, non preoccupatevi troppo: non è un punto essenziale per la comprensione di quanto segue. Quello che dovete però tenere presente è che:

Per specificare la quantità di moto trasferita dall'onda al corpuscolo, bisogna poter determinare l'angolo di diffusione.

D'altra parte, la precisione con cui siamo in grado di determinare l'angolo di diffusione è ovviamente limitata dall'apertura angolare dell'obiettivo utilizzato (vi rimando alla Figura 8).

Con un piccolo ragionamento di geometria (che lascio al lettore pratico di funzioni trigonometriche) è facile convincersi che non è possibile determinare la quantità di moto ceduta al corpuscolo microscopico con un errore $Er(p)$ inferiore alla quantità di moto p posseduta dall'onda incidente, moltiplicata per il seno dell'angolo di diffusione α, ossia:

$$Er(p) \cong p \cdot sen\, \alpha$$

Abbiamo però appena visto che la quantità di moto p

dell'onda incidente è semplicemente data dalla costante di Planck h diviso la lunghezza d'onda λ, quindi l'equazione precedente diventa:

$$Er(p) \cong \frac{h}{\lambda} \cdot sen\,\alpha$$

A questo punto, se ci ricordiamo che la quantità di moto di un corpuscolo materiale è data dal prodotto della sua massa m per la velocità v ($p = m \cdot v$), possiamo dividere per m l'equazione precedente (sia a destra che a sinistra del simbolo di eguaglianza), ottenendo in questo modo una stima per il valore dell'errore minimo $Er(v)$ sulla velocità:

$$Er(v) = \frac{Er(p)}{m} \cong \frac{h}{\lambda \cdot m} \cdot sen\,\alpha$$

In precedenza, abbiamo visto però che l'errore minimo $Er(x)$ sulla posizione di un corpuscolo è dato dalla relazione: $Er(x) = \lambda/sen\,\alpha$. Quindi, se moltiplichiamo l'errore sulla posizione con l'errore sulla velocità, e osserviamo che la lunghezza d'onda λ e il *seno* si semplificano, otteniamo la relazione:

$$Er(v) \cdot Er(x) \cong c$$

dove $c = h/m$ è esattamente la costante che abbiamo introdotto a pagina 16 (da non confondere con la velocità della luce), che vale circa 1 cm^2/s nel caso di un elettrone.

Bene, spero ve ne sarete accorti, ma abbiamo appena derivato il famoso *Principio di Indeterminazione di Heisenberg* (PIH).

Complimenti! Davvero un'ottima dimostrazione!

162

Complementarità e incompatibilità

La strana situazione espressa dal PIH, e da molte altre situazioni che s'incontrano quando si effettuano delle misure sui sistemi microscopici, è stata mirabilmente riassunta da *Niels Bohr* nel suo famoso *Principio di Complementarità*, che grosso modo afferma che:

Esistono proprietà che si escludono a vicenda, e che pertanto non possono essere osservate contemporaneamente, nel corso di uno stesso processo sperimentale.

Questa è esattamente la situazione che abbiamo riscontrato nella nostra precedente analisi: se *misuriamo* (cioè *osserviamo*) con buona precisione la *posizione* di un corpuscolo microscopico, ne alteriamo profondamente la *velocità*, e viceversa. Le due proprietà (possedere una certa posizione e possedere una certa velocità) essendo complementari, non possono essere osservate *contemporaneamente*!

È importante a questo punto fare due osservazioni. La prima è che questa alterazione, ad esempio della velocità quando osserviamo la posizione, avviene in modo del tutto *impredicibile*, cioè non determinabile a priori dall'osservatore.

Questo aspetto dell'impredicibilità non emerge direttamente dalla nostra analisi semplificata dell'*Effetto Compton*. È però parte integrante del formalismo matematico della teoria quantistica.

Per dirla in modo semplice, secondo la teoria quantistica non possiamo determinare a priori quale sarà, ad esempio, l'*angolo di diffusione*, in seguito alla collisione, ma unicamente calcolare le *probabilità* associate ai diversi angoli di diffusione *possibili*.

La seconda osservazione è che in tutto il nostro ragionamento abbiamo implicitamente ipotizzato che il corpuscolo microscopico possedesse sempre, in atto, ancor prima di essere osservata, una specifica posizione e velocità. Questo assunto però, come avremo modo di appurare in seguito, è del tutto infondato.

Detto questo, cerchiamo di comprendere un po' meglio il

concetto di *complementarità*. La parola "complementarità" è ovviamente molto suggestiva da un punto di vista filosofico, e sicuramente in parte corretta, ma potrebbe promuovere una falsa rappresentazione della questione che stiamo qui analizzando.

Invece del termine di "complementarità" possiamo usare, forse più propriamente, il termine più semplice e diretto di "incompatibilità," nel senso di un'*incompatibilità delle procedure di osservazione di determinate proprietà fisiche.*

In fisica si cerca di rendere più preciso (e operazionale) il concetto di *incompatibilità sperimentale*, utilizzando la nozione di *non-commutabilità*.

Più precisamente:

Se due osservazioni sono compatibili, allora l'ordine con cui le eseguiamo non influisce sul risultato finale dell'osservazione (e quindi tale ordine può essere liberamente commutato). Quando invece l'ordine non è irrilevante, cioè non può essere liberamente commutato, significa che le due osservazioni sono incompatibili.

Questo è esattamente quanto accade con la posizione e la velocità di un corpuscolo microscopico. Infatti, osservare prima la posizione e poi la velocità non produce lo stesso risultato che osservare (cioè misurare) prima la velocità e poi la posizione! Questo a causa essenzialmente del fatto che queste osservazioni sono *invasive*, cioè *modificano lo stato* dell'entità osservata, in modo impredicibile a priori.

È importante comprendere che l'incompatibilità di cui stiamo parlando non è una caratteristica esclusiva dei processi microscopici: la ritroviamo infatti tal quale anche nelle *operazioni* che noi compiamo tutti i giorni. Facciamo un esempio semplice.

Spero concorderete che "mettere prima le calze, poi le scarpe," non produce lo stesso risultato che "mettersi prima le scarpe e poi le calze" (vedi Figura 14).

Queste due operazioni (azioni, procedure, processi, ecc.) sono pertanto tra loro *incompatibili*, in quanto *non-commutabili*: il loro ordine di esecuzione è cruciale ai fini del risultato finale. Ma ovviamente, non tutte le procedure sono tra loro incompatibili: molte sono perfettamente compatibili.

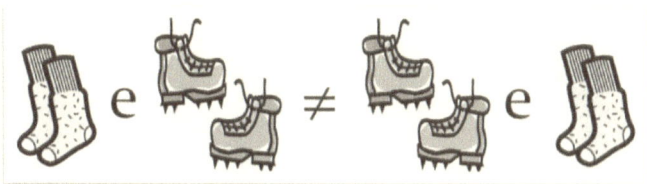

Figura 14. *Le operazioni "mettere le calze" e "mettere le scarpe" non sono commutabili (il simbolo "≠" significa "non uguale").*

Facciamo un esempio semplice di due operazioni tra loro compatibili, cioè il cui ordine di esecuzione può essere tranquillamente commutato: "mettere prima le calze, e poi i guanti," è uguale, cioè produce lo stesso risultato, che "mettere prima i guanti e poi le calze" (vedi Figura 15).

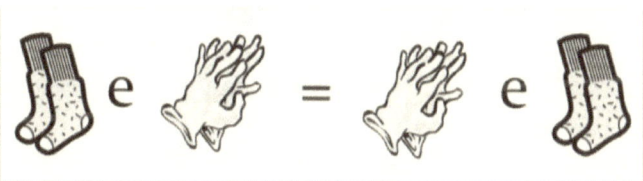

Figura 15. *Le operazioni "mettere le calze" e "mettere i guanti" sono commutabili.*

Ma facciamo qualche altro esempio di operazioni non compatibili.

Un novizio chiese al priore: "Padre, posso fumare mentre prego?" E venne severamente redarguito. Un secondo novizio chiese allo stesso priore: "Padre posso pregare mentre fumo?" E fu lodato per la sua devozione.

In altre parole, "pregare e fumare," non produce lo stesso risultato che "fumare e pregare" (vedi Figura 16).

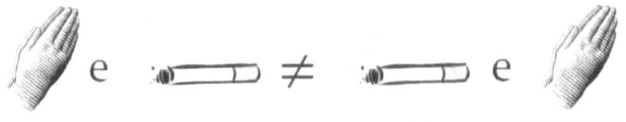

Figura 16. *Le operazioni "pregare" e "fumare" non sono commutabili, secondo la visione del padre priore.*

Qui la non-commutabilità si esprime attraverso l'ordine scelto per i verbi "fumare" e "pregare" all'interno di una frase. Se si commuta l'ordine dei verbi, cambia anche il senso percepito della frase.

I verbi, infatti, indicano azioni, cioè operazioni, che noi svolgiamo, per questo il loro ordine all'interno di una frase è a volte così importante.

Quello che dobbiamo comprendere è che in generale l'ordine con cui operiamo nella realtà influisce sul risultato: per montare un mobile IKEA è necessario operare esattamente nella sequenza indicata nelle istruzioni di montaggio, se si desidera ottenere il risultato voluto.

Per essere sicuro che questo aspetto sia compreso fino in fondo, facciamo un ulteriore esempio di non commutabilità. Consideriamo come sistema un semplice *triangolo rettangolo*.

Definiamo quindi l'*operazione A*, come l'operazione che consiste nel *ruotare il triangolo di* 90° *in senso orario*. L'*operazione B*, invece, consiste per definizione nel *riflettere* la figura del triangolo rispetto all'asse verticale.

Vediamo che cosa succede se eseguiamo prima *A* e poi *B*, e che cosa cambia se invece eseguiamo prima *B* e poi *A* (vedi Figura 17).

Come possiamo osservare, a seconda dell'ordine delle operazioni, il risultato finale non è più lo stesso: *A* e *B* sono quindi operazioni tra loro incompatibili, poiché non-commutabili.

Bene, ora che siamo più in chiaro, spero, sul concetto d'*incompatibilità*, e sul fatto che l'incompatibilità possa essere espressa in termini di *non-commutabilità*, vediamo come tutto questo si articola quando cerchiamo di osservare due specifiche *proprietà fisiche* di un'*entità macroscopica ordinaria*, a voi ormai familiare: un *cubetto di legno*.

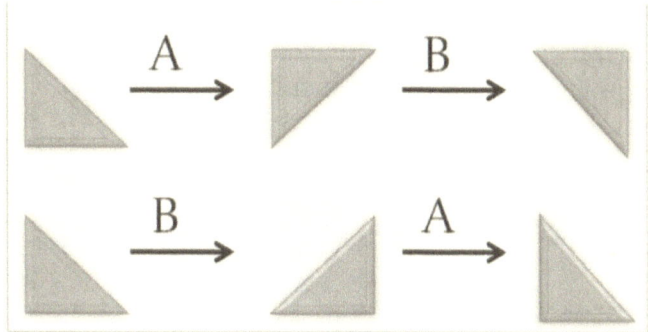

Figura 17. *Le operazioni di "rotazione" e "riflessione" non sono commutabili, in quanto non producono (in generale) lo stesso risultato.*

Il sistema che vogliamo studiare è dunque un semplice cubetto di legno. Con la lettera *A*, indicheremo il processo osservativo associato alla proprietà del cubetto di *bruciare bene*. Con la lettera *B*, indicheremo invece il processo osservativo associato alla proprietà del cubetto di *galleggiare*.

Naturalmente, vi sono diversi modi di definire le proprietà di "bruciare bene" e di "galleggiare." Quindi, se vogliamo essere più precisi, dobbiamo stabilire che cosa significhi, concretamente, per il nostro cubetto, osservare queste due proprietà, cioè quali siano le operazioni da effettuare, e i risultati da ottenere, ai fini della loro osservazione. È molto semplice.

L'osservazione *A* della proprietà "bruciare bene" consiste (secondo la nostra convenzione) nel sottoporre il cubetto alla fiamma di un fiammifero, per qualche secondo. Se in seguito a questa operazione il cubetto prende fuoco e s'incenerisce, l'osservazione della proprietà di bruciare bene ha avuto successo, e la proprietà è stata *confermata* (vedi Figura 18).

L'osservazione *B* della proprietà "galleggiare" invece,

consiste (secondo la nostra convenzione) nell'immergere completamente il cubetto in un recipiente colmo d'acqua, quindi osservare se grazie alla *spinta di Archimede* risale in superficie. Se così accade, l'osservazione della proprietà di galleggiare ha avuto successo, e la proprietà è stata *confermata* (vedi Figura 18).

Considerando la nostra precedente discussione, viene allora naturale porsi la seguente domanda:

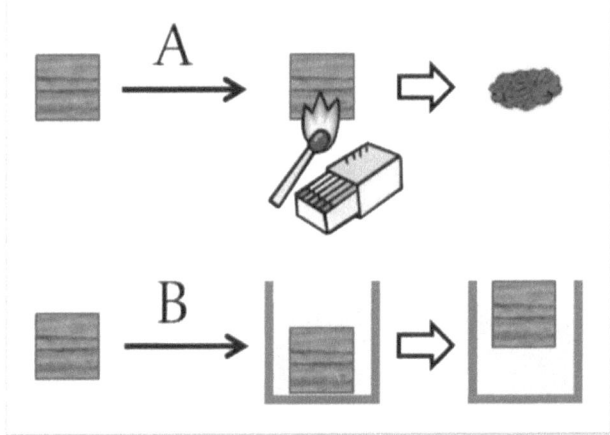

Figura 18. *Le operazioni A e B, e i loro rispettivi esiti, quando vengono effettuate su un cubetto di legno.*

Possiede il cubetto di legno <u>entrambe</u> le proprietà: bruciabilità <u>e</u> galleggiabilità?

Un modo semplice per verificarlo consiste nel prendere un cubetto di legno e provare ad osservare queste due proprietà, una dopo l'altra. Vediamo che cosa succede.

Se cominciamo con la bruciabilità, possiamo osservare che il cubetto brucia bene, e si trasforma quindi in un piccolo cumulo di cenere. Se poi però proviamo ad osservare la galleggiabilità, immergendo il cumulo di cenere nell'acqua, questo certamente non verrà a galla, poiché come è noto la cenere non galleggia (vedi Figura 19).

Proviamo allora a invertire l'ordine delle due osservazioni. Se cominciamo con la galleggiabilità, possiamo osservare che il cubetto di legno galleggia senza problemi. Se poi però proviamo ad osservare la sua bruciabilità, sottoponendolo alla fiamma del fiammifero, questo certamente non brucerà, poiché un cubetto bagnato, come è noto, non brucia bene (vedi Figura 19).

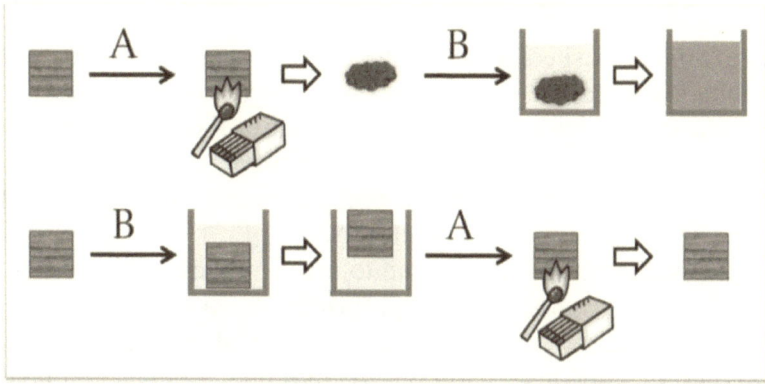

Figura 19. *Le operazioni A e B, a seconda dell'ordine di esecuzione, producono esiti differenti. Se A ha successo, l'esito di B sarà in seguito negativo, e viceversa, se B ha successo, l'esito di A sarà in seguito negativo.*

La conclusione di queste due osservazioni sequenziali è che, se eseguiamo prima *A* e poi *B*, otteniamo che il cubetto di legno "brucia bene ma non galleggia," e se eseguiamo prima *B* e poi *A*, otteniamo che il cubetto di legno "galleggia ma non brucia bene"!

Quello che abbiamo appena messo in evidenza è il semplice fatto che le proprietà di *bruciare bene* e di *galleggiare* sono proprietà i cui processi osservativi associati, *A* e *B*, *non commutano*. In altre parole, si tratta di *proprietà incompatibili*.

Non è dunque possibile osservare *congiuntamente* la bruciabilità e la galleggiabilità di un cubetto di legno! Ma se questo è vero, viene allora naturale chiedersi:

A causa dell'incompatibilità dei rispettivi processi osservativi, dobbiamo a questo punto rinunciare ad affermare che un cubetto di legno possiede simultaneamente, entrambe le proprietà della bruciabilità e della galleggiabilità?

La domanda è lecita visto che, a quanto pare, siamo nell'impossibilità di osservare congiuntamente queste due diverse proprietà. D'altra parte, se seguiamo la nostra intuizione, non abbiamo dubbi: *il cubetto di legno possiede simultaneamente entrambe le proprietà di bruciare bene e galleggiare*!

Esattamente così come un'automobile, ne siamo certi, può essere simultaneamente *resistente agli scontri e lunga quattro metri*!

La nostra intuizione ci dice che un'entità fisica è in grado di possedere *contemporaneamente* innumerevoli proprietà, sebbene non tutte queste proprietà siano necessariamente osservabili contemporaneamente!

Bene, vediamo allora di ricapitolare. È chiaro a tutti (spero) che il cubetto possieda la proprietà di bruciare bene. La possiede poiché se effettuassimo il *test A* che permette di osservarla, tale test osservativo avrebbe immancabilmente successo e la proprietà verrebbe confermata!

Allo stesso modo, è chiaro a tutti (spero) che il cubetto possieda la proprietà di galleggiare. La possiede poiché se effettuassimo il *test B* che permette di osservarla, tale test osservativo avrebbe immancabilmente successo e la proprietà verrebbe confermata!

Perfetto, ma dal momento che la nostra intuizione ci dice che il cubetto è in grado di possedere anche la *proprietà congiunta* di "bruciare bene e galleggiare," viene spontaneo chiedersi:

Quale sarebbe il test C che ci consentirebbe di confermare tale proprietà congiunta di "bruciare bene e galleggiare"? In altre parole, come possiamo verificare se è proprio vero che il cubetto possiede simultaneamente tali proprietà, nonostante il fatto che siano tra loro incompatibili?

Ci troviamo qui di fronte a un piccolo enigma. Infatti, se diamo uno sguardo alle tabelle di verità della logica classica, possiamo osservare quanto segue (vedi Figura 20).

Leggendo la prima linea della tabella, vediamo che se la proprietà associata a un test *A* è falsa, e la proprietà associata a un altro test *B* è altresì falsa, allora, per forza di cose, anche la proprietà data dalla congiunzione di queste due proprietà (associata a un non meglio definito test "*A e B*") sarà falsa.

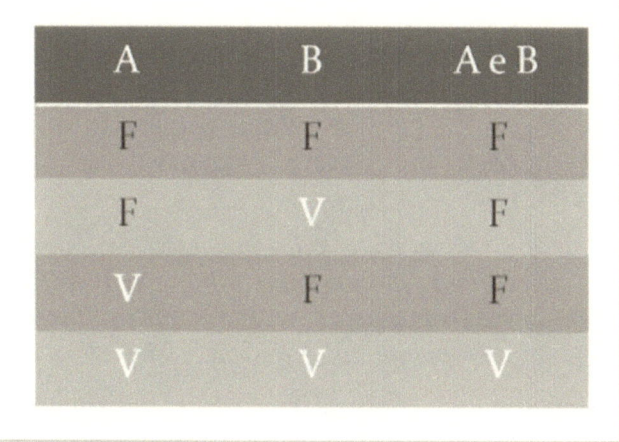

Figura 20. La "tabella di verità" della logica classica, qui per l'operatore logico "e" della congiunzione.

In altre parole, la congiunzione di due falsità è ancora una volta una falsità. Ma come si evidenzia dalla seconda e terza linea della tabella, è sufficiente che anche solo una delle due proprietà sia falsa, affinché la proprietà congiunta sia a sua volta complessivamente falsa.

Infatti, come si deduce dall'ultima linea della tabella, una proprietà congiunta può essere vera *se e solo se* le proprietà che la compongono sono entrambe contemporaneamente vere.

Su questo ovviamente non possiamo che essere d'accordo, ma considerando che la bruciabilità e la galleggiabilità sono delle proprietà tra loro incompatibili, come possiamo mettere in evidenza la loro verità simultaneamente? In altre parole:

Come possiamo testare congiuntamente la verità di due proprietà che sono sperimentalmente mutualmente incompatibili?

Mi auguro sia chiaro a tutti quale sia la pertinenza di questa discussione in relazione alla nostra precedente analisi del *Principio di Indeterminazione di Heisenberg* (PIH), sui cui ovviamente torneremo fra poco.

Infatti, se ben ricordate, la posizione e la velocità di un corpuscolo microscopico sono legate da una relazione di indeterminazione; una relazione che esprime a sua volta una condizione di incompatibilità.

Sta forse questo a significare che il corpuscolo microscopico non sarebbe in grado di possedere congiuntamente una posizione e una velocità? Ossia:

Il PIH è forse un'asserzione sulla non-esistenza simultanea di posizione e velocità di un'entità microscopica, come un elettrone, o è solo un'asserzione sulle nostre limitazioni nel conoscere congiuntamente tali grandezze fisiche?

Se ragioniamo in base alla nostra intuizione circa la bruciabilità e la galleggiabilità di un cubetto di legno, saremmo tentati di affermare che l'incompatibilità sperimentale di due grandezze fisiche non significa necessariamente che tali grandezze non possano esistere simultaneamente.

Quindi, nulla a priori vieterebbe a un elettrone (o qualsivoglia altra entità microscopica elementare) di possedere simultaneamente una posizione e una velocità. Ma è proprio così?

Per scoprirlo dobbiamo proseguire nella nostra indagine fisico-concettuale. Cominciamo con il definire un po' più chiaramente che cosa s'intende solitamente con il concetto di *proprietà* (e più esattamente di *proprietà di un'entità fisica*).

Proprietà e criterio di realtà

In generale possiamo affermare che: *una proprietà è qualcosa che un'entità è in grado di possedere, indipendentemente dal contesto in cui si trova.*

Le proprietà vengono concretamente osservate (e definite) per mezzo di *test osservativi sperimentali*, che se eseguiti permettono di confermare (o invalidare) la proprietà in questione.

Attenzione però: confermare una proprietà non significa dimostrare che la proprietà sia attuale, nel senso di stabilmente posseduta dall'entità in questione!

Come direbbe il saggio: "Un cubetto di legno bruciato non è più un cubetto di legno bruciabile!"

Detto questo, per proseguire nella nostra esplorazione, abbiamo bisogno dell'aiuto di *Albert Einstein* e di due suoi validi collaboratori, *Boris Podolsky* e *Nathan Rosen*.

In un famoso articolo pubblicato nel *1935*, questi scienziati enunciarono un importante *criterio di realtà*, che è poi un *criterio di esistenza*, poiché nell'accezione comune di questi due concetti si ritiene che un'entità sia reale se e solo se l'entità è esistente.

Einstein, Podolsky e Rosen (che in seguito, per brevità, indicheremo con la sigla EPR), in questo loro famoso articolo enunciarono il seguente criterio di realtà (qui espresso in una forma leggermente semplificata):

Se, *senza disturbare* in nessun modo un sistema, possiamo *predire con certezza* il valore di una quantità fisica, allora esiste un *elemento di realtà* fisica corrispondente a questa quantità fisica.

Quello che EPR hanno saputo chiaramente riconoscere è che: *la nostra descrizione della realtà si fonda sull'affidabilità delle nostre predizioni su di essa*. Tuttavia, i tre scienziati rimasero piuttosto prudenti circa questo loro criterio, in quanto scrissero anche nel loro articolo (cito testualmente):

"Ci sembra che questo criterio, sebbene lungi dall'esaurire tutti i modi possibili per riconoscere una realtà fisica, ci fornisca almeno uno di questi modi, quando le condizioni poste in esso si verifichino. Considerato non come condizione necessaria di realtà, ma soltanto come condizione sufficiente, questo criterio è in accordo con le idee di realtà sia della meccanica classica che della meccanica quantistica."

Ora, nonostante questo loro avvertimento, EPR non fornirono alcun contro esempio della possibile natura di un elemento di realtà fisica non soggetto al loro criterio. In altri termini, pur supponendo, molto prudentemente, che il loro criterio fosse solo sufficiente, non presentarono nessun argomento che spiegasse perché non dovesse essere considerato anche necessario.

Ma torniamo ancora una volta all'enunciato del criterio. Un aspetto importante da evidenziare è che quando i tre scienziati dicono, o meglio scrivono: "se [...] possiamo predire con certezza," quello che bisogna di fatto intendere è: "se possiamo, *in linea di principio*, predire con certezza."

Infatti, l'aspetto cruciale non è se possediamo in pratica tutte le informazioni che ci consentirebbero di fare una previsione affidabile, cioè certa, ma se queste informazioni sono disponibili da qualche parte nell'universo (anche se magari disperse chissà dove), di modo che un essere di sufficiente potere e intelligenza possa *in principio* avervi accesso.

Detto questo, possiamo osservare che questo importante criterio di realtà, o di esistenza se preferite, è stato successivamente riconsiderato dal fisico *Constantin Piron*, dell'università di Ginevra, che lo ha rielaborato in una forma molto più specifica e completa, che è pressappoco la seguente:

> Se, senza disturbare in nessun modo l'entità fisica considerata, è possibile, *in linea di principio*, predire con certezza l'esito di un *test osservativo*, allora la proprietà corrispondente a tale test osservativo è una *proprietà attuale* dell'entità fisica (cioè una proprietà da essa realmente posseduta). *E viceversa.*

Dicendo "viceversa," Piron intende dire, ovviamente, che "se una proprietà di un'entità fisica è attuale, allora, senza in nessun modo disturbarla, è in principio possibile predire con certezza l'esito del test osservativo ad essa associato."

Quindi, riassumendo, secondo questo criterio di realtà, che per semplicità denomineremo in seguito *criterio-EPR*, una proprietà è attuale *se e solo se*, se decidessimo di eseguire il test osservativo che la definisce, il risultato atteso sarebbe certo in anticipo.

Questo significa che l'entità possiede la proprietà in questione, prima ancora che si effettui il test, e di fatto *prima ancora che si scelga di eseguirlo*. E questa è la ragione per la quale si è autorizzati ad affermare che tale proprietà corrisponde a un *elemento di realtà, che esiste indipendentemente dalla nostra osservazione.*

D'altra parte, se non possiamo applicare il criterio-EPR, cioè se non possiamo, nemmeno in principio, predire l'esito del test che definisce la proprietà in questione, allora dobbiamo concludere che l'entità considerata non possiede tale proprietà, cioè che non si tratta di una sua proprietà attuale, ma solo di una proprietà *potenziale*.

Questa conclusione è ovviamente corretta premesso che la predizione non possa essere fatta *nemmeno in linea di principio*. Infatti, nella maggior parte delle situazioni sperimentali, semplicemente non possediamo una conoscenza completa dell'entità, e pertanto non abbiamo accesso a tutte le sue proprietà.

Quando però possediamo una conoscenza completa dell'entità, allora, per definizione, siamo in grado di predire con certezza tutto quanto c'è di predicibile a suo riguardo e, di conseguenza, ciò che non può essere predetto è un aspetto *non ancora esistente* (quindi solo potenziale) della realtà.

Bene, spero di non avervi confuso troppo le idee con questo importante, quanto profondo, criterio di realtà. Prima di tornare al nostro cubetto di legno, permettetemi una semplice domanda, per verificare se avete ben compreso la portata del criterio-EPR.

Pensate a *Venezia* (vedi Figura 21) e chiedetevi:

Esiste Venezia, in questo momento?

Figura 21. *Una tipica immagine di Venezia.*

Sto supponendo, ovviamente, che in questo momento voi non vi troviate a Venezia (se questo fosse il caso, rimpiazzate semplicemente Venezia con Bologna).

Naturalmente, la vostra intuizione vi indica, senza ombra di dubbio (cioè con ragionevole certezza), che Venezia esiste in questo momento. Tuttavia, poiché *in questo momento* non state facendo esperienza di Venezia, ma del luogo nel quale vi trovate, cosa vi autorizza a una tale affermazione?

Ebbene, semplicemente il fatto che potete applicare il criterio-EPR. Infatti, secondo tale criterio voi non dovete necessariamente *avere un'esperienza con Venezia, in questo momento*, per poter decretare la sua esistenza (anche esistere, in ultima analisi, è una proprietà), ma semplicemente essere in grado di predire che, *se aveste deciso di averla*, Venezia *con certezza* sarebbe stata disponibile all'esperienza.

Riassumendo:

La realtà (ciò che esiste) non corrisponde (solamente) ai fenomeni che di fatto sperimentiamo. La realtà corrisponde anche (e soprattutto) ai fenomeni possibili, nel senso dei fenomeni che avremmo potuto sperimentare con certezza, se così avessimo scelto in passato.

La realtà è dunque costruita in modo *controfattuale*! Nel senso che possiamo parlare in modo sensato anche di ciò che, di fatto, non stiamo osservando concretamente, purché se decidessimo di effettuare tale osservazione, l'esito sarebbe assolutamente certo!

Bene, ma ora come possiamo applicare tutto questo al problema del nostro cubetto di legno? Più particolarmente:

Come possiamo risolvere il problema di riuscire a dimostrare che il cubetto possiede in atto la proprietà congiunta di "bruciare bene e galleggiare," sebbene queste due proprietà siano tra loro sperimentalmente incompatibili?

 Beh, secondo il criterio-EPR, sarebbe sufficiente poter predire che l'esito del test C ad essa associato, se eseguito, avrebbe certamente un esito positivo!

D'accordo ma:

Quale sarebbe questo test C, associato alla proprietà congiunta di "bruciare bene e galleggiare"? In altre parole, qual sarebbe il test osservativo associato a una proprietà congiunta?

Dovete sapere che le specifiche di questo particolare test, che in linguaggio tecnico viene denominato *test prodotto*, furono scoperte qualche decennio fa dal fisico *Constantin Piron*, che ho già menzionato in relazione al criterio di realtà EPR.

Vediamo esattamente di che cosa si tratta. Prima di tutto, ci si procura uno strumento in grado di generare due eventi, in modo del tutto *casuale*. Per semplicità, chiameremo questi due eventi *testa* e *croce*.

Ad esempio, tale strumento potrebbe essere il lancio di una moneta, purché effettuato in modo tale da non consentire allo sperimentatore di predire in alcun modo l'esito.

Quindi, se esce *testa*, si esegue il *test A*, e l'esito (positivo, o negativo) viene attribuito al *test C* della proprietà congiunta. Se invece esce *croce*, si esegue il *test B*, e nuovamente l'esito (positivo, o negativo), viene attribuito al *test C* (vedi Figura 22).

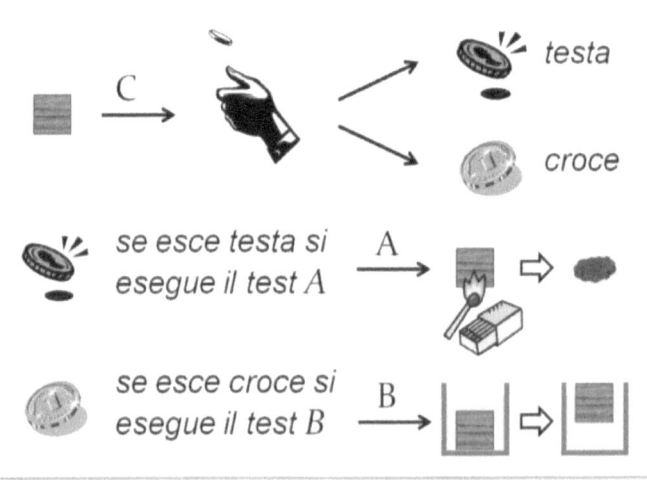

Figura 22. *Rappresentazione grafica della logica esecutiva del test prodotto C, in grado di testare la proprietà congiunta "bruciare bene e galleggiare."*

Ecco, ora conoscete la natura specifica del test osservativo di una proprietà congiunta, detto *test prodotto*. Forse obbietterete che dal momento che dopo il lancio della moneta bisogna effettuare uno solo dei due test, ciò significa che una sola delle due proprietà verrebbe di fatto testata.

Questo però non è esatto, poiché la scelta di quale test effettuare avviene in modo *non prevedibile*. Quindi, l'unico modo per poter garantire *a priori, con certezza*, l'esito positivo del test (senza il bisogno di effettuarlo), è che il cubetto possegga entrambe le proprietà, ciò che le possegga, per l'appunto, *congiuntamente*!

Possiamo quindi osservare che quando passiamo dalle proprietà ai test, l'operatore logico "e" si trasforma nell'operatore logico "o": infatti, per testare la proprietà congiunta "bruciare bene e galleggiare," dobbiamo eseguire *A* o *B*, scegliendo però – e questo è ovviamente un aspetto cruciale – una di queste due alternative perfettamente a caso.

Detto questo, che ne è allora della proprietà congiunta del cubetto di essere contemporaneamente bruciabile e galleggiabile? La possiede in atto, oppure non la possiede?

Evidentemente, secondo il test prodotto *C* appena definito, e il criterio-EPR, poiché possiamo predire con certezza l'esito positivo di entrambi i test, sia della bruciabilità che della galleggiabilità, possiamo predire con certezza anche l'esito positivo del test prodotto *C*, quindi dedurre che il cubetto di legno possiede congiuntamente queste due proprietà, sebbene queste siano sperimentalmente tra loro incompatibili! Riassumendo:

L'incompatibilità sperimentale di due proprietà non significa necessariamente che queste non possano essere simultaneamente attuali, cioè simultaneamente possedute da una stessa entità, come dimostra l'esempio del cubetto di legno.

A questo punto potremmo essere tentati di concludere che, sebbene la *posizione* e la *velocità* di un corpuscolo microscopico siano grandezze tra loro incompatibili, come si evince dal PIH, nondimeno possiamo ritenerle simultaneamente attuali.

Giusto? No, sbagliato!

Cerchiamo di comprendere per quale ragione posizione e velocità di un corpuscolo microscopico, contrariamente a bruciabilità e galleggiabilità di un cubetto di legno, non possono essere delle proprietà congiuntamente possedute.

Consideriamo nuovamente il caso di un corpo macroscopico, cioè di grandi dimensioni. Al tempo t_0 il corpo si trova in una determinata posizione x_0. E in quel preciso istante possiede anche una determinata velocità v_0 (vedi Figura 23).

Come discusso in precedenza, sappiamo che quando conosciamo simultaneamente la posizione (x_0) e la velocità (v_0) di un corpo, a un dato istante (t_0), possiamo calcolare (quindi predire con certezza!) ogni altra posizione che il corpo occuperà, in ogni istante successivo, risolvendo le cosiddette *equazioni del moto*.

Possiamo ad esempio determinare la sua posizione x_1 e velocità v_1 a un istante successivo t_1. Oppure la sua posizione x_2 e velocità v_2 all'istante ancora susseguente t_2, e così via (vedi Figura 23).

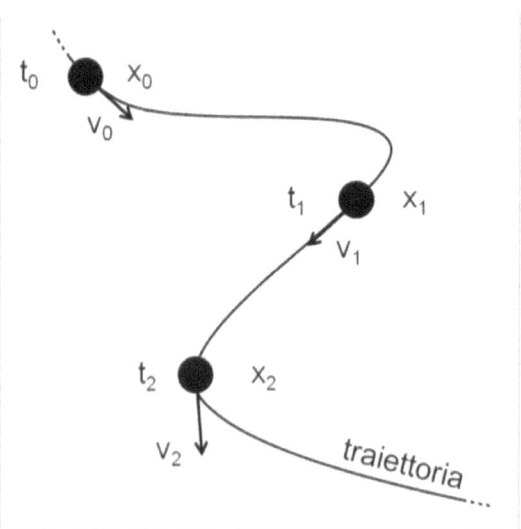

Figura 23. *Rappresentazione della traiettoria percorsa nello spazio da un corpo macroscopico in movimento, cioè delle diverse posizioni assunte dal corpo nel corso del tempo.*

Questo significa che il corpo percorre nello spazio, nel corso del tempo, una traiettoria perfettamente definita, *conoscibile con certezza a priori*.

Risolvere le equazioni del moto equivale a predire con certezza ogni futura posizione e velocità di un corpo fisico macroscopico. Non entreremo qui nel merito di queste equazioni, che a seconda dei sistemi fisici possono divenire anche molto complesse.

Quello che è però importante capire, è che le equazioni del moto sono come una sorta di "dispositivo meccanico," e che quando forniamo a questo dispositivo un preciso *input*, costituito da una *posizione e velocità a un medesimo istante di tempo*, diciamo al tempo $t = 0$, questo è in grado di fornirci, immancabilmente, un *output*, corrispondente alla posizione e velocità in ogni altro istante di tempo t, sia nel futuro che nel passato (vedi Figura 24).

$$\frac{d}{dt}\frac{\partial L}{\partial \dot{q}^i} - \frac{\partial L}{\partial q^i} = 0$$

input x_0 e v_0 (tempo 0) → equazioni del moto → output x_t e v_t (tempo t)

Figura 24. *Le equazioni del moto permettono di predire ogni posizione e velocità di un corpo macroscopico, sulla base di un preciso input (la cosiddetta "condizione iniziale").*

È sulla base di questa rimarchevole proprietà delle equazioni del moto che il francese *Pierre-Simon de Laplace*, verso la fine del diciottesimo secolo, enunciò il suo celebre *principio del determinismo*, pressappoco con queste parole:

Se in un dato istante conoscessimo simultaneamente la posizione e la velocità di tutti i corpi dell'universo, allora potremmo predire il loro comportamento in ogni altro istante, sia nel passato che nel futuro.

Per Laplace la conoscenza simultanea di posizione e velocità di tutti i corpi dell'universo era del tutto possibile, se non altro in linea di principio. Ora però, a causa del

PIH, sappiamo che si sbagliava, che una tale conoscenza non è assolutamente pensabile, e questo non per mancanza di informazioni o di tecnologie adeguate.

In altre parole: non c'è modo di determinare simultaneamente la posizione e la velocità nemmeno di un singolo elettrone, figuriamoci di tutti quelli presenti nell'universo!

Infatti, se ben ricordate, il PIH non ci consente la determinazione congiunta, con precisione arbitrariamente grande, della posizione e velocità di un'entità microscopica (vi rimando alle Figure 2 e 3). Pertanto, non abbiamo modo di inserire nelle equazioni del moto l'input richiesto, e di conseguenza le equazioni del moto non sono in grado di fornirci l'output desiderato.

Di conseguenza, non siamo in grado di predire, in alcun modo, la posizione e velocità dell'entità microscopica in questione, a ogni altro istante di tempo t. E questo significa che il principio del determinismo, così come lo aveva espresso Laplace, non è valido per un'entità microscopica. Ma ora chiediamoci:

Mancando la possibilità di determinare, cioè di predire con certezza, le posizioni e velocità future di un'entità microscopica, cosa possiamo dedurre circa tali posizioni e velocità, sulla base del criterio-EPR?

È molto semplice. Il criterio-EPR ci dice che la possibilità di prevedere con certezza la posizione e/o la velocità di un corpuscolo è equivalente alla realtà, cioè all'esistenza, della posizione e/o velocità di detto corpuscolo.

Ma se viene a mancare la possibilità di prevedere queste grandezze, nel senso che non possono essere predette *nemmeno in linea di principio*, allora questo significa che: *non si tratta di grandezze reali!* In altre parole, siamo costretti a concludere che:

I "corpuscoli" microscopici (elettroni, protoni, neutroni, leptoni, atomi, ecc) non esistono! Nel senso che non esistono in quanto corpuscoli, cioè in quanto entità localizzate nello spazio, dotate di posizione, velocità, energia, ecc!

Se dico anche "energia" è perché, come è noto, l'energia di un corpo è una funzione sia della sua velocità che della sua posizione. E se queste grandezze vengono meno, cioè non sono più proprietà attuali, lo stesso deve necessariamente valere per l'energia.

Insomma, i "corpuscoli" microscopici, che corpuscoli quindi non sono, sono entità genuinamente *non-spaziali*! Se un corpo *macro*scopico è in grado di possedere, in ogni momento, una posizione e velocità ben definite, uno pseudo corpuscolo *micro*scopico invece, non è in grado di possedere, in generale, tali attributi!

Per dirla con le sconcertanti parole del fisico *Diederik Aerts*, ideatore dell'esempio archetipico del cubetto di legno, dobbiamo arrenderci all'evidenza che:

> La realtà non è contenuta nello spazio. Lo spazio è una cristallizzazione momentanea di un teatro per la realtà dove i movimenti e le interazioni delle entità macroscopiche materiali ed energetiche hanno luogo. Ma altre entità – come ad esempio le entità quantistiche – "hanno luogo" fuori dallo spazio, o – e questo sarebbe un altro modo per dire la stessa cosa – entro uno spazio che non è lo spazio euclideo tridimensionale.

In altre parole, lo spazio tridimensionale in cui viviamo, con il nostro corpo fisico, di natura macroscopica, è solo un piccolo teatro, e questo piccolo teatro *non contiene tutta la realtà fisica*!

La realtà è molto più grande, non la si può rappresentare su questo esiguo palcoscenico tridimensionale. Ci sono altri palcoscenici là fuori, che accolgono entità di natura genuinamente non-spaziale, come gli elettroni; entità la cui spazialità è di un tipo molto diverso, decisamente *non-ordinario*.

Ma se le entità microscopiche non possiedono generalmente una posizione, che cosa significa esattamente questo? Come possiamo comprendere, ad esempio, il processo tramite il quale un fisico, in determinate circostanze sperimentali, rileva la posizione spaziale di un'entità elementare?

La risposta di Aerts è:

"Le entità quantistiche non sono permanentemente presenti nello spazio. Quando un'entità viene rilevata in uno stato non-spaziale, questa viene 'trascinata' o 'risucchiata' nello spazio dal sistema di rilevamento."

Pertanto:

"La posizione spaziale (cioè il luogo) di un'entità microscopica, non esiste prima del processo di osservazione, ma viene <u>creata</u> nel corso del processo stesso di osservazione."

Ma non è tutto. A dire il vero, come si evince dal formalismo stesso della teoria quantistica:

La posizione spaziale di un'entità microscopica, nemmeno esiste in seguito al processo della sua osservazione, venendo <u>distrutta</u> al termine completo dello stesso. Infatti, si tratta di una proprietà (relazionale) di natura effimera!

A questo punto forse vi chiederete: come possiamo comprendere l'*effimerità* e l'*incompatibilità* delle proprietà quantistiche? È possibile trovare delle analogie con le entità macroscopiche che ci permettano realmente di capire?

Assolutamente sì!

Come avrò modo di illustrarvi nel "secondo tempo" di questo "video-libro," è sufficiente amare gli spaghetti!

Secondo tempo
LA FISICA DEGLI SPAGHETTI

Con la frase conclusiva del "primo tempo" di questo libricino ho voluto dire esattamente quello che ho detto: che alcuni dei misteri quantistici che abbiamo sin qui esplorato possono essere interamente chiariti studiando la strana fisica degli spaghetti, e più particolarmente quella degli *spaghetti crudi*!

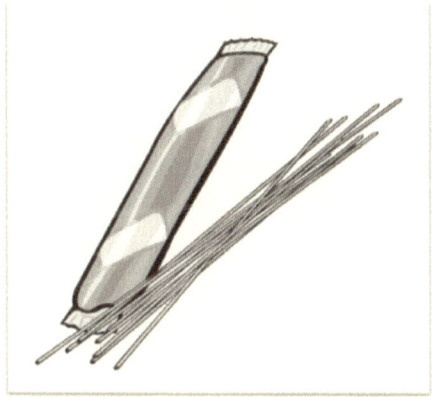

A tal fine, interessiamoci al cosiddetto (si fa per dire) *mancinismo* degli spaghetti. Il sistema fisico che ci apprestiamo a studiare è dunque un semplice spaghetto crudo (preferibilmente di buona marca).

Lo *strumento di misura* che utilizzeremo per effettuare l'*esperimento osservativo*, cioè la *misura*, è costituito semplicemente dalle nostre *due mani*.

La *proprietà* che vogliamo osservare, come dicevamo, è il mancinismo. Lo so, non avete mai sentito parlare del mancinismo di uno spaghetto, ora però vi spiego esattamente di che cosa si tratta, spiegandovi come lo si misura, cioè come lo si osserva.

Si inizia prendendo lo spaghetto con le due mani, come mostrato nella Figura 25.

Figura 25. La procedura di osservazione del mancinismo prevede che lo spaghetto sia inizialmente afferrato dallo sperimentatore con le sue due mani.

Quindi lo si piega, fino a quando non si rompe; se il frammento più lungo rimane nella mano sinistra, la proprietà del mancinismo è confermata, altrimenti no; e se lo spaghetto per caso fosse già rotto, nessun problema: si esegue semplicemente il test usando il frammento più lungo.

Proviamo concretamente (vedi Figura 26).

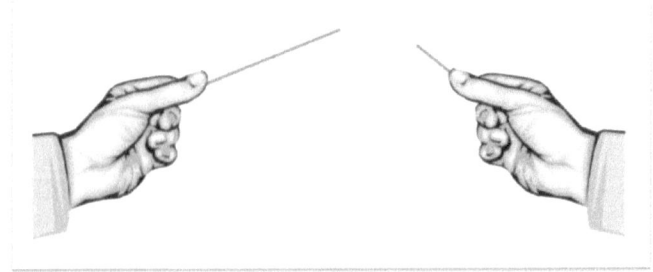

Figura 26. Il test ha confermato la proprietà del mancinismo.

Come possiamo osservare, il test ha avuto successo e il mancinismo dello spaghetto è stato *confermato*. Ma rifacciamo il test ancora una volta, con un altro spaghetto, identico al precedente (vedi Figura 27).

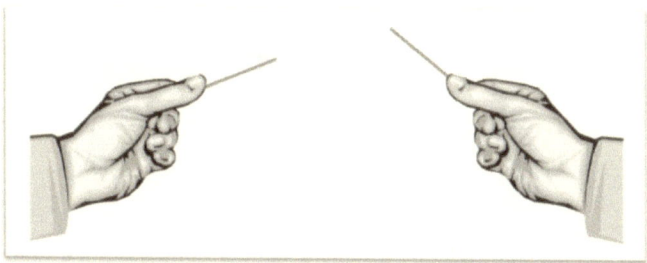

Figura 27. Il test *non* ha confermato la proprietà del *mancinismo*.

Questa volta il test non ha avuto successo e il mancinismo dello spaghetto non è stato confermato. È stata invece confermata la proprietà contraria del mancinismo, che è quella del *destrimanismo*.

Bene, ma vediamo ora di studiare un'altra possibile proprietà degli spaghetti, che chiameremo semplicemente *solidità*.

Il sistema fisico quindi, è ancora una volta un semplice spaghetto crudo di marca.

Lo *strumento di misura* stavolta è costituito da una singola mano dello scienziato e dal pavimento di piastrelle della sua cucina.

La proprietà che si vuole osservare, cioè misurare, come dicevamo, è la solidità. E per sapere di che cosa si tratta, anche in questo caso non abbiamo che da esplicitare il protocollo di osservazione sperimentale, che è il seguente.

Si inizia prendendo lo spaghetto in una mano, come mostrato nella Figura 28. Quindi, lo si lascia cadere a terra, da un'altezza di circa un metro. Se lo spaghetto non si rompe, la proprietà della solidità è confermata, altrimenti no; e se lo spaghetto per caso fosse già rotto (magari perché in passato è stato sottoposto ad alcuni esperimenti), si esegue il test usando il frammento più lungo.

Proviamo concretamente (vedi Figura 29). Come possiamo osservare, il test ha avuto successo, quindi la solidità dello spaghetto è stata confermata.

Figure 28 e **29**. *Il test ha confermato la proprietà della solidità.*

Ma rifacciamo il test ancora una volta, con un altro spaghetto, identico al precedente (vedi Figura 30).

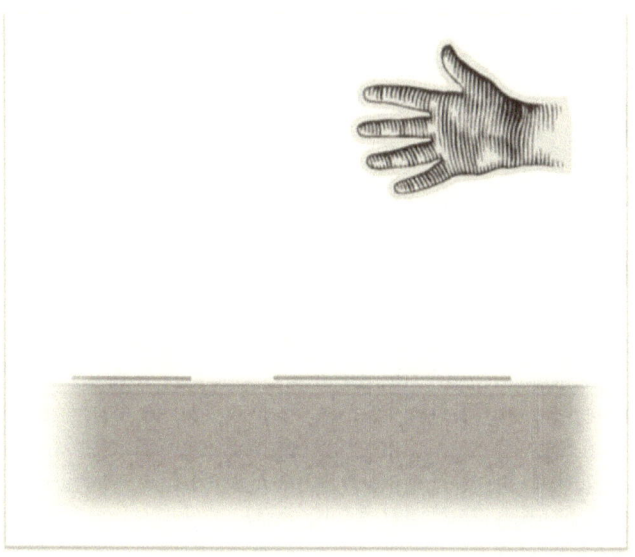

Figura 30. *Il test non ha confermato la proprietà della solidità.*

Questa volta, il test non ha avuto successo e la solidità dello spaghetto non è stata confermata. È stata invece confermata la proprietà contraria della solidità, che è quella della *fragilità*.

Molto bene, ora, se avete riflettuto attentamente, avrete forse compreso che:

Mancinismo e solidità sono proprietà effimere!

Prendiamo infatti il caso del mancinismo. Supponiamo di avere appena effettuato la sua osservazione e che il test abbia avuto un esito positivo. In quel preciso istante, quando stiamo ancora tenendo i due frammenti dello spaghetto nelle nostre due mani, possiamo certamente affermare che lo spaghetto possiede *in atto* il mancinismo.

Ma non appena lasciamo andare i due frammenti, quello stesso mancinismo torna ad essere una proprietà solo *potenziale*. Infatti, una volta che la *relazione* tra i frammenti di spaghetto e le mani dello sperimentatore viene meno, non è più possibile affermare che lo spaghetto sia mancino.

Questo perché se volessimo nuovamente osservare il mancinismo, dovremmo ripetere il test, usando il frammento più lungo, ma niente ci garantisce a priori che l'esito del test sarebbe nuovamente positivo.

Qui possiamo osservare una differenza fondamentale tra l'osservazione di una proprietà come la bruciabilità di un cubetto di legno, e il mancinismo dello spaghetto. Per la bruciabilità eravamo perfettamente in grado di predire con certezza l'esito del test, senza il bisogno di eseguirlo. Per il mancinismo invece, non abbiamo più questa possibilità!

Naturalmente, si potrebbe obiettare che per fare una previsione certa è necessario poter disporre di tutte le informazioni del caso, cioè studiare attentamente, magari al *microscopio*, le caratteristiche degli spaghetti in questione, ottenendo anche precise informazioni dal fabbricante sul loro metodo di fabbricazione.

Ma questo vi aiuterà realmente a predire in anticipo l'esito del test del mancinismo? Se considerate attentamente il modo in cui la proprietà del mancinismo (o la proprietà contraria del destrimanismo) viene testata, non è difficile convincersi che:

Pur disponendo di una conoscenza completa dello spaghetto, fino al livello della sua struttura molecolare, non sarete mai in grado di predire con certezza l'esito del test osservativo del mancinismo.

Questo non perché vi manchi una qualche informazione essenziale sullo spaghetto in quanto tale (cioè sul suo *stato*), ma perché siete totalmente all'oscuro su come si svolgerà nel dettaglio il processo di misura della proprietà in questione.

L'esito del test dipenderà infatti da tutta una serie di variabili a voi *nascoste*, totalmente al di fuori del vostro controllo, come ad esempio le impercettibili vibrazioni delle vostre mani mentre agite sullo spaghetto, il suo orientamento specifico, la pressione variabile esercitata dalle vostre dita, la rapidità con cui ne provocherete la rottura, e via discorrendo.

Ed è la combinazione di tutte queste variabili, e di quelle relative allo stato dello spaghetto, che andranno a determinare in modo estremamente complesso quali saranno i punti di rottura, e di conseguenza l'esito finale del test.

In altre parole, pur possedendo una conoscenza completa dello stato dello spaghetto, non avete modo di prevedere le innumerevoli fluttuazioni dell'interazione tra lo spaghetto e lo strumento di osservazione, costituito dalle vostre mani, fluttuazioni che in ultima analisi andranno a determinare gli esatti punti di rottura dello spaghetto, quindi il suo mancinismo o destrimanismo.

La logica conclusione di tutto questo è che le proprietà dello spaghetto di essere mancino oppure destrimano non possono essere predette con certezza, pur disponendo di una conoscenza completa dello stato dello spaghetto!

E secondo il criterio-EPR, ciò significa che quelle proprietà non sono degli elementi della vostra realtà (e in particolar modo della realtà dello spaghetto), ovvero: *non esistono!*

O meglio, la loro esistenza è solo *potenziale*, nel senso che pur non esistendo in un dato momento, potrebbero ciò nondimeno esistere in un momento successivo. E infatti, questo è esattamente quello che accade durante il processo di osservazione:

La proprietà di "essere mancino" non viene scoperta durante il test osservativo, ma letteralmente creata nel corso della sua esecuzione! Prima del test non esisteva, ma per mezzo del test viene posta in esistenza, sebbene in modo del tutto effimero e imprevedibile.

Lo stesso vale ovviamente anche per la proprietà della solidità. Quindi, riassumendo:

Mancinismo e solidità sono proprietà effimere, nel senso che sono proprietà potenziali che vengono possibilmente create al momento della loro osservazione, in modo non predicibile a priori, ma smettono altresì di essere attuali nel preciso istante in cui la relazione tra lo strumento di misura e l'entità fisica viene meno.

Mancinismo e solidità non sono però solo proprietà effimere: sono anche proprietà tra loro *incompatibili*! Infatti, l'osservazione del mancinismo accresce considerevolmente la probabilità che un test successivo della solidità fornisca una risposta positiva, come si evidenzia dal fatto che più corto è un frammento di spaghetto e meno facilmente questo si romperà cadendo a terra.

Quindi, in generale, se si esegue prima il test del mancinismo, e poi il test della solidità, ad esempio su un gran numero di spaghetti differenti, la *statistica dei risultati* differirà sensibilmente dalla statistica ottenuta facendo prima il test della solidità e poi quello del mancinismo. In altre parole:

Il test del mancinismo e della solidità non sono test commutabili, ed esiste pertanto una "relazione di indeterminazione" tra queste due proprietà, così come esiste una relazione di indeterminazione tra la posizione e la velocità di un'entità microscopica.

L'esempio paradigmatico dello spaghetto ci rivela un'altra cosa importante. Che:

Incompatibilità sperimentale ed effimerità sono concetti tra loro indipendenti.

Infatti, è chiaro che il carattere effimero delle proprietà del mancinismo e della solidità sia incorporato direttamente nella loro definizione, e non dipenda in alcun modo dal fatto che vi sia tra queste due proprietà un rapporto di incompatibilità sperimentale.

Questa osservazione è particolarmente rilevante se si considera il fatto che nella nostra precedente deduzione della *non-spazialità* delle entità microscopiche abbiamo fatto uso del PIH, quindi in particolar modo dell'incompatibilità tra la posizione e la velocità. Pertanto, si potrebbe essere tentati di concludere che sia proprio l'esistenza di tale incompatibilità sperimentale ad essere all'origine dell'osservata effimerità, e quindi della conseguente non-spazialità delle entità microscopiche.

Tuttavia, considerando l'esempio del pezzetto di legno, è chiaro che l'incompatibilità non è una condizione sufficiente per produrre l'effimerità; e considerando l'esempio dello spaghetto è altresì chiaro che l'incompatibilità nemmeno è una condizione necessaria per l'effimerità.

Detto questo, spero che non vi siate persi in queste sottigliezze concettuali. Quello che è importante qui evidenziare, è che:

Mancinismo e solidità di uno spaghetto, come posizione e velocità di un'entità microscopica, non sono proprietà ordinarie, cioè proprietà classiche.

Ma forse ora vi chiederete: *che cosa sono esattamente le proprietà classiche?* Semplicemente, si tratta di quelle proprietà che obbediscono al cosiddetto *pregiudizio classico*.

Secondo questo pregiudizio (classico), il risultato di un test osservativo sperimentale sarebbe sempre certo a priori. Ma ovviamente, il pregiudizio classico ha una validità del tutto limitata, in quanto si basa sull'assunto che l'interazione tra lo strumento di osservazione e il sistema osservato avvenga in modo sempre perfettamente predeterminabile.

I test della bruciabilità e della galleggiabilità del cubetto di legno si conformano al pregiudizio classico.

D'altra parte, come abbiamo visto:

I test del mancinismo e della solidità di uno spaghetto invalidano il pregiudizio classico.

Esattamente così come questo pregiudizio viene invalidato dall'osservazione della posizione e della velocità di un'entità microscopica, come un elettrone.

Molto bene. Vediamo ora di riassumere i punti più importanti della nostra indagine:

* Abbiamo visto che il Principio di Indeterminazione di Heisenberg (PIH) esprime l'incompatibilità sperimentale di alcune proprietà fondamentali associate alle entità microscopiche, come la posizione e la velocità.

* Abbiamo però anche evidenziato che l'incompatibilità sperimentale è un fenomeno diffuso, presente anche nella realtà degli enti *macro*scopici, e non solo in quella degli enti *micro*scopici.

*   Inoltre, e contrariamente a quanto si potrebbe ritenere, abbiamo dimostrato che è perfettamente possibile testare congiuntamente anche delle proprietà tra loro incompatibili, per mezzo del cosiddetto *test prodotto*, scoperto da Constantin Piron.

*   Abbiamo quindi messo in evidenza il contenuto del *criterio-EPR*, il quale afferma che *esistenza* e *predicibilità* sono concetti intimamente connessi.

*   Quindi, usando congiuntamente il PIH e il criterio-EPR, abbiamo potuto dedurre l'inaspettata *non-spazialità* delle entità microscopiche, sulla base del fatto che la posizione di un'entità microscopica è di fatto una proprietà *effimera*, non stabilmente posseduta da quest'ultima.

*   Abbiamo inoltre visto che l'effimerità si manifesta anche nelle entità macroscopiche, e che incompatibilità ed effimerità sono concetti tra loro indipendenti.

*   Infine, abbiamo compreso che i cubetti di legno e gli spaghetti crudi possono esserci di grande aiuto nel capire i misteri della fisica quantistica.

Naturalmente, molto ci sarebbe ancora da dire per elucidare questi temi concettualmente profondi e sottili, oltre che, ovviamente, ancora controversi.

In particolar modo, molto ci sarebbe da aggiungere sulla sconcertante *non-spazialità* delle entità quantistiche, spesso indicata dai fisici con il termine di *non-località*, sebbene il termine di non-spazialità sia molto più appropriato.

Lo spazio di amicizia

Probabilmente, il modo migliore di concludere questa mia presentazione sul PIH, e sulla strana fisica degli spaghetti, è con una metafora.

Più esattamente, con la metafora che ha proposto nel *1990 Diederik Aerts*, quale primo tentativo di inventare un mondo dove la condizione di spazialità delle entità che lo popolano emerge da una realtà sottostante differente, la cui spazialità è di tipo differente.

Questo mondo di entità che mi appresto a prendere in considerazione è una realtà che vive in uno *spazio di amicizia*.

Più esattamente, le entità che popolano questo mondo sono gli *esseri umani* di un ipotetico futuro.

In altre parole, il mondo di entità in questione è la società umana terrestre del futuro.

L'interazione che vogliamo prendere in considerazione tra le diverse entità di questo mondo, è quella dell'*amicizia*.

L'ipotesi è che questa società umana sia sopravvissuta riuscendo ad eliminare totalmente l'*inimicizia* (cioè l'amicizia negativa) e rendere l'amicizia sempre *reciproca*.

Che cosa significa tutto questo? È semplice. Se denotiamo $da(X,Y)$ la funzione che determina la *distanza affettiva* che la persona X *sente* per la persona Y, e se $da(Y,X)$ è la distanza affettiva che la persona Y sente per la persona X, allora la reciprocità significa semplicemente che queste due funzioni sono identiche:

$$da(X,Y) = da(Y,X)$$

D'altra parte, l'*assenza di inimicizia* significa semplicemente che queste funzioni sono sempre positive, come giustamente deve essere per delle distanze:

$$da(X,Y) \geq 0$$

Bene, consideriamo ora lo *spazio fisico ordinario* (euclideo) in cui viviamo oggigiorno noi esseri umani. In questo spazio vivono delle persone. Ad esempio, un ragazzo che denomineremo X, e una ragazza che denomineremo Y.

Tra queste due persone esiste ovviamente una *distanza fisica*:

$$df(X,Y) = df(Y,X)$$

che corrisponde alla distanza abitualmente definita tra gli oggetti spaziali ordinari (vedi Figura 31).

Consideriamo ora lo spazio di amicizia. Il ragazzo X e la ragazza Y esistono evidentemente non solo nello spazio fisico ordinario, ma anche nello spazio di amicizia. E in questo altro spazio, X e Y sono separati non più da una distanza fisica, ma da una *distanza affettiva*, che ad esempio potrebbe essere molto più piccola rispetto alla distanza fisica.

Infatti, come è noto, l'amicizia reciproca tra due persone non dipende dalla loro distanza fisica.

Consideriamo anche un terzo individuo Z. Contrariamente a X, Z è piuttosto vicino a Y, e lontano da X, nello spazio fisico, ma distante da entrambi nello spazio dell'amicizia, per ragioni che possiamo facilmente intuire (vedi Figura 31).

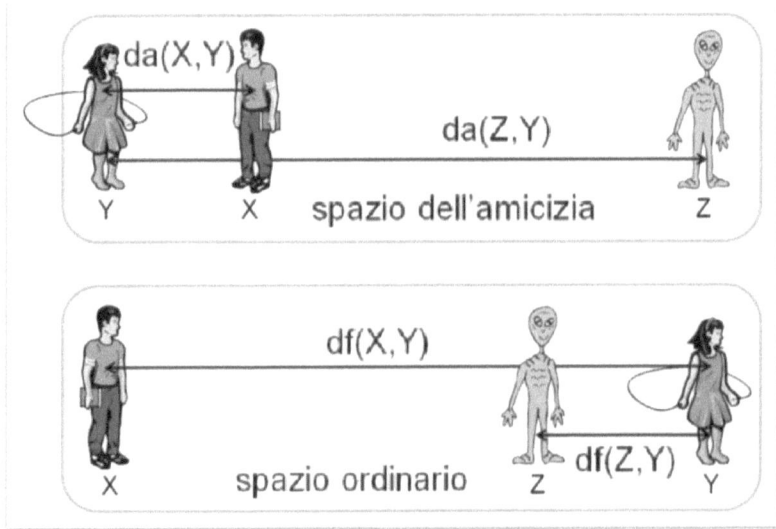

Figura 31. *Nello spazio ordinario e nello spazio dell'amicizia le distanze tra le diverse entità umane assumono valori relativi differenti.*

Bene, fino a qui abbiamo semplicemente evidenziato che le distanze nello spazio fisico e nello spazio dell'amicizia seguono logiche del tutto differenti, e non sono necessariamente in corrispondenza le une con le altre: oggetti vicini nello spazio fisico possono essere lontani o vicini nello spazio dell'amicizia, e viceversa.

Consideriamo ora il fatto che nella società umana *emergeranno* col tempo diversi sottogruppi di persone, legati da affinità specifiche, nella fattispecie *affinità di tipo affettivo*. Questa emergenza produrrà una *strutturazione dell'interazione dell'amicizia.*

Osserviamo questo fenomeno dalla doppia prospettiva dello spazio fisico e dello spazio di amicizia. Nella Figura 32, le diverse persone (tra cui anche *X*, *Y* e *Z*) sono questa volta rappresentate, per semplicità, con dei semplici puntini.

Come possiamo vedere, per quanto i diversi individui siano piuttosto sparpagliati nello spazio fisico ordinario, questi si presentano in modo decisamente più organizzato nello spazio dell'amicizia.

Figura 32. *Gli stessi individui rappresentati nello spazio fisico ordinario e nello spazio dell'amicizia.*

Più esattamente, come reso esplicito nella Figura 33, col tempo le persone si organizzano nello spazio dell'amicizia entro specifiche *macrostrutture*. Per semplicità, noi ne abbiamo indicate solamente due, *A* e *B*, che si trovano a una certa distanza $da(A, B)$.

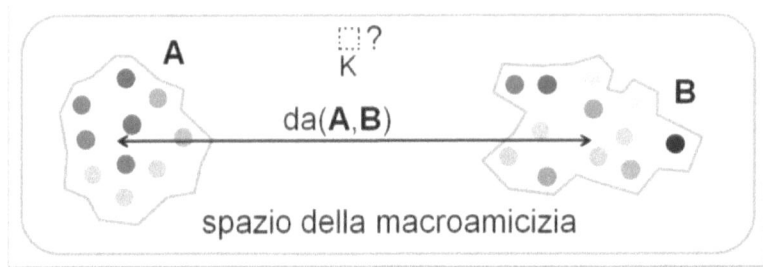

Figura 33. *Due macrostrutture, A e B, nello spazio della macroamicizia, separate da una distanza $da(A,B)$. L'entità individuale K, non appartenente ad A o B, si trova in uno stato di sovrapposizione rispetto a tali macrostrutture, e pertanto non appartiene allo spazio della macroamicizia.*

Nel "vecchio" spazio fisico della superficie della terra, gli individui vivono mescolati, ma nel "nuovo" spazio strutturato dell'amicizia, tutti gli individui, col tempo, si sono organizzati entro determinate macrostrutture.

Per fissare le idee, possiamo pensare ai clan famigliari, alle diverse associazioni e gruppi di interesse, alle sette, ecc. In altre parole, lo spazio dell'amicizia, col passare del tempo, è diventato uno *spazio della macroamicizia* (vedi Figura 33).

Consideriamo ora un ulteriore individuo K, e supponiamo che questo individuo, pur essendo in un dato momento presente nello spazio ordinario terrestre, non abbia ancora stabilito una specifica relazione con le macrostrutture presenti nello spazio della macroamicizia (vedi Figura 33).

Supponiamo inoltre che dopo molto tempo gli umani del futuro si siano totalmente dimenticati non solo del loro spazio euclideo originale, relativo alla superficie della terra, ma anche della prima versione del loro spazio dell'amicizia, quando questo non era ancora completamente strutturato in macrostrutture affettive ben definite.

In tal caso, ovviamente, in questo spazio strutturato, della macroamicizia, un singolo individuo isolato *non potrà avere una sua localizzazione*, cioè una sua posizione specifica, in quanto avere una localizzazione nello spazio della macroamicizia significa appartenere a una specifica struttura di affinità, nella fattispecie *A* o *B*.

Quindi *K*, dal punto di vista dello spazio della macroamicizia, è un'entità tipicamente *non-spaziale*, non presente di fatto in tale spazio.

Supponiamo però che in seguito all'interazione (non-locale) con queste due macrostrutture, arrivi un momento in cui, per ragioni che non abbiamo bisogno di precisare, *K* decida (o sia costretta) a scegliere di appartenere ad *A* oppure a *B*.

Prima che questo accada, è possibile (e corretto) affermare che *K* si trovava in uno *stato di sovrapposizione relativamente a queste due possibilità*. Ma nel momento esatto in cui *K* sceglie a quale macrostruttura appartenere, ecco che di colpo acquisisce una sua precisa localizzazione nello spazio delle entità macroscopiche della macroamicizia, divenendo parte, ad esempio, della macrostruttura *B* (vedi Figura 34).

Figura 34. *L'entità individuale* K, *scegliendo a quale macrostruttura affettiva appartenere, passa da uno stato non-spaziale di sovrapposizione a uno stato spaziale localizzato, relativamente allo spazio della macroamicizia.*

È interessante osservare che questo processo, in cui *K* acquisisce di colpo una determinata localizzazione nello spazio della macroamicizia, tramite la sua interazione con le macro strutture *A* e *B*, è tipicamente un *processo di creazione di una localizzazione spaziale*, che ricorda esattamente quello della creazione di una posizione per un elettrone, quando questo interagisce con gli strumenti di misura, che sono per l'appunto delle strutture macroscopiche, formate da grandi quantità di entità elementari organizzate tra loro.

Naturalmente, questa è solo una metafora, sebbene assai profonda e illuminante, che è bene lasciar decantare nella nostra mente, e su cui può essere vantaggioso meditare. Infatti, è arrivato anche il momento di concludere questa mia già lunga esposizione.

SULLA PROBABILITÀ DI AUTOTELEPORTAZIONE DI UN CORPO UMANO

Massimiliano Sassoli de Bianchi

Uno scrittore di fantascienza[1] mi ha rivolto la seguente domanda:

Qual è la probabilità che un individuo possa di colpo svanire da un luogo per poi, poco dopo, ricomparire in un altro luogo, a numerosi chilometri di distanza, secondo le leggi della fisica quantistica?

Lo scrittore mi ha anche assicurato che un famoso fisico la poneva ai suoi studenti in sede d'esame, e che pertanto doveva trattarsi, necessariamente, di un "quesito da manuale."

L'interesse per l'interrogativo nasceva dal fatto che il protagonista di un suo racconto doveva riuscire a sfruttare tale probabilità, per infinitesima che fosse, per "trasportare" di colpo (o quasi) il suo corpo a una notevole distanza.

Prendendo spunto da questo curioso quiz, solo apparentemente "da manuale," cercherò in questo articolo di offrire degli elementi di chiarificazione su alcuni concetti importanti di fisica quantistica, in particolar modo il concetto di *non-spazialità*, che illustrerò per mezzo di una semplice metafora.

Cercherò altresì di fornire una stima della probabilità in questione, sulla base di un certo numero di ipotesi semplificatrici, alcune delle quali saranno inevitabilmente di natura fantascientifica.

Come vedremo, malgrado queste ipotesi semplificatrici, il valore ottenuto risulterà talmente piccolo da non poter quasi essere immaginato da una mente umana.

---

[1] Si tratta di *Marco Giacomantonio*, che approfitto di ringraziare per lo stimolante quesito.

Parateletrasporto

Affinché non vi siano malintesi, desidero asserire sin da subito, e con chiarezza, che la probabilità che un individuo scompaia da un luogo e ricompaia in un altro luogo è, *secondo le leggi della fisica oggi note* (e la mia comprensione delle stesse) perfettamente uguale a *zero*!

Con questo non voglio però affermare che sia del tutto impossibile per un individuo (o un oggetto) sperimentare qualcosa di simile a una *teleportazione*: la fisica che oggi conosciamo non descrive sicuramente ogni possibilità insista nel reale.

È noto ad esempio, tra gli studiosi di *fenomeni anomali*, che vi sono numerose tracce di testimonianze di eventi straordinari di questo tipo.[2] Ne è piena ad esempio la *Bibbia*.

Un caso tipico è quello di *Filippo*, che venne "rapito dallo spirito del Signore" quando si trovava nei pressi di *Gaza*, per poi ritrovarsi di colpo ad *Azoto*, a circa *50 kilometri* di distanza (Atti 8: 39-40).

Ma se ne parla anche in numerose altre tradizioni, come quella sciamanica, o dello yoga. Vi sono inoltre testimonianze più recenti, ad esempio nei numerosi resoconti di sessioni psichiche e medianiche, soprattutto all'inizio del secolo scorso.

Un esempio è quello del *Marchese Carlo Centurione*, il cui corpo fu visto sparire sotto gli occhi dei presenti (nel castello Millesimo, in provincia di Savona, in Italia) per poi essere ritrovato addormentato, qualche ora dopo, in tutt'altro luogo.

Un ulteriore esempio significativo è quello del sensitivo brasiliano *Carmilo Mirabelli*, che si sarebbe invece autoteleportato, quasi istantaneamente, da *São Paolo* a *São Vicente*, due città distanti tra loro circa *90 kilometri*.

A questo aggiungo di aver personalmente conosciuto un

---

[2] Vedi ad esempio: Waldo Vieira, *Projectiology. A Panorama of Experiences of the Consciousness outside the Human Body*, Rio de Janeiro, RJ – Brazil, International Institute of Projectiology and Conscientiology, 2002; in particular modo, le pagine 195-198, e le referenze ivi citate.

individuo, assolutamente degno di fede, che mi ha raccontato di avere personalmente sperimentato tale fenomeno, o meglio, se preferite, che è convinto di averlo sperimentato.

Non essendo un esperto di questioni legate alla teleportazione umana, e più generalmente alle smaterializzazioni e rimaterializzazioni di oggetti fisici macroscopici, non è mia intenzione in questo scritto cercare di avvalorare o confutare tali resoconti, che restano quanto meno controversi.

Se li ho menzionati è unicamente per osservare che, qualora questi fenomeni avessero un fondamento, cioè non fossero spiegabili unicamente in termini di allucinazioni individuali e/o collettive, ci indicherebbero che le nostre conoscenze circa il funzionamento della materia-energia ordinaria sono ancora decisamente molto incomplete.

Comunque, per evitare confusioni, possiamo usare il termine di *parateleportazione* per indicare quel tipo ipotetico di teleportazione che produrrebbe la smaterializzazione e rimaterializzazione di corpi animati e inanimati, come riportato nella vasta letteratura sui fenomeni anomali.

Userò invece il termine abituale di *teleportazione* per indicare la possibilità di trasportare un corpo su distanze macroscopiche, più o meno istantaneamente, sulla base delle leggi fisiche oggi a noi note.

Ora, per quanto non possiamo escludere che la parateleportazione sia realizzabile (secondo leggi *parafisiche* a noi ancora ignote), la teleportazione di un corpo umano (o di un qualsivoglia oggetto macroscopico) *secondo le leggi della fisica a noi note*, e più particolarmente della *fisica quantistica*, è un fenomeno a dire il vero del tutto impossibile.

Infatti, i corpi macroscopici ordinari (come un corpo umano), contrariamente a quelli microscopici, non obbediscono nel loro complesso alle leggi quantomeccaniche (fino a prova del contrario).

Teletrasporto quantistico

Prima di proseguire nella mia analisi, devo affrontare un ulteriore problema terminologico. Il termine *teleportazione*, o meglio *teletrasporto*, viene infatti utilizzato in fisica quantistica per denotare una specifica classe di fenomeni che poco o nulla hanno a che fare con la natura della domanda postami dallo scrittore di fantascienza.[3]

Questi fenomeni descrivono la possibilità di trasportare un'*informazione* da un luogo all'altro, secondo modalità che consentono la costruzione di un *duplicato esatto* di una determinata entità microscopica.

Questa costruzione può avvenire però solo a patto di *distruggere* il sistema di partenza (cioè il sistema che viene duplicato), dato che secondo un noto teorema quantistico, detto *teorema di no-cloning*, è assolutamente impossibile creare un *clone* perfetto di un sistema microscopico senza nel contempo alterare profondamente il modello di partenza.

Oltre a questa difficoltà, la "teleportazione" quantistica, intesa nel senso summenzionato, richiede la preparazione di particolari *coppie di sistemi non-separati* (cioè preparati in uno specifico stato di *entanglement*) che devono preventivamente collegare le regioni dello spazio in cui dovrà avvenire il teletrasporto quantistico, che per questa ragione è altresì detto *teletrasporto assistito tramite entanglement* (in inglese: *entanglement-assisted teleportation*).[4]

---

[3] C. H. Bennett et al., "Teleporting an Unknown Quantum State via Dual Classical and Einstein-Podolsky-Rosen Channels," Phys. Rev. Lett., **70**, pp. 1895-1899 (1993).

[4] Più precisamente, per effettuare il teletrasporto quantistico (assisto tramite entanglement) di un'entità microscopica (chiamiamola *S*) è necessario: *(1)* disporre di un canale di comunicazione dedicato, di tipo ordinario, in grado di collegare il luogo di partenza e il luogo di arrivo; *(2)* disporre di un ulteriore canale di comunicazione non-ordinario, in grado di collegare questi due luoghi tramite la creazione di una particolare coppia di sistemi quantistici *non-separati* (entangled), dello stesso tipo del sistema *S*; *(3)* misurare il sistema di partenza *S*, che si vuole "teletrasportare," congiuntamente a uno dei membri della coppia di sistemi entangled, distruggendo in questo modo l'informazione relativa al loro stato prima della misurazione, e separando allo stesso tempo la coppia di sistemi entangled; *(4)* inviare tramite il canale di comunicazione ordinario il risultato della misura ottenuta; *(5)* utilizzare questa informazione per modificare lo stato dell'altro membro della coppia del sistema (precedentemente)

In altre parole, questa forma di teletrasporto quantistico, di cui tanto si sente oggi parlare, non ha nulla a che vedere con la domanda postami dallo scrittore di fantascienza. Infatti, necessita della presenza di un apparato tecnologico costruito *su misura* in funzione dell'entità che si vuole teletrasportare, oltre che dell'esecuzione di tutta una serie di operazioni che producono la distruzione del sistema di partenza e la sua ricostituzione nel luogo di arrivo.

In altre parole, non si tratta di un processo spontaneo, associabile a delle *probabilità*, ma di un *processo deterministico*, che richiede una specifica tecnologia per poter essere implementato.

Inoltre, nel teletrasporto quantistico solo l'informazione relativa al sistema viene trasportata, in modo da consentirne la perfetta ricostruzione in un altro luogo, mentre nulla di materiale viene realmente traslocato da un luogo all'altro (salvo i portatori dell'informazione, lungo un canale di comunicazione ordinario).

E per quanto tali operazioni di teletrasporto quantistico assistito siano già state realizzate sperimentalmente (il record attuale è di un trasporto su una distanza di *143 km*, tra le *isole Canarie* di *La Palma* e *Tenerife*[5]), queste si limitano allo stato di singoli sistemi microscopici, e certamente non di intere strutture macroscopiche.

Inoltre, fino ad oggi questi esperimenti sono stati realizzati unicamente su *grandezze fisiche discrete*, come la *polarizzazione* di un fotone, o lo *spin* di un elettrone, e non su *grandezze continue*, come la posizione e la quantità di moto.

Per non parlare poi del problema delle fluttuazioni termiche, che richiedono che il sistema teletrasportato sia prima raffreddato a temperature prossime allo zero assoluto.

Bene, detto questo, e onde evitare futuri qui pro quo, userò il termine di *autoteleportazione quantistica* (o semplicemente

---

entangled, di modo da fargli assumere esattamente lo stesso stato in cui si trovava inizialmente il sistema *S*.

[5] Xiao-Song Ma *et al.*, "Quantum teleportation over 143 kilometres using active feed-forward," Nature 489, pp. 269–273 (13 September 2012); doi:10.1038/nature11472.

autoteleportazione) per designare un eventuale processo di delocalizzazione quantistica spontanea, e distinguerlo dal summenzionato teletrasporto quantistico assistito tramite entanglement.

Ma come ho già più volte ribadito, l'autoteleportazione quantistica non sembra essere possibile per i corpi macroscopici, che fino a prova del contrario obbediscono alle leggi della fisica classica, e non a quelle della fisica quantistica.

Quindi, alcune ipotesi *fantafisiche* (cioè fantascientifiche) aggiuntive saranno necessarie per poter esplorare questa possibilità e stimare la probabilità di un tale evento, per una data entità macroscopica, come ad esempio il corpo di un essere umano.

Spazialità e non-spazialità

Cominciamo con il cercare di comprendere un po' meglio perché un corpo macroscopico non è in grado di comportarsi come un corpo microscopico.

È importante osservare che le entità macroscopiche, come il corpo di un essere umano, o un qualunque oggetto, ad esempio una roccia, o un granellino di sabbia, sono entità *spaziali*. Questo significa che si evolvono rimanendo sempre all'interno del cosiddetto *spazio fisico tridimensionale*.

Per spiegare cosa intendo, consentitemi una metafora. Immaginate di nuotare in una piscina. L'acqua della piscina corrisponde allo spazio fisico tridimensionale, e voi che nuotate al suo interno siete l'equivalente di un'entità *macro*scopica.

Se volete spostarvi da un punto all'altro della piscina, cioè da un punto all'altro dello spazio, potete farlo unicamente nuotando, e naturalmente, a causa della viscosità dell'acqua, la vostra velocità di spostamento sarà limitata: non potrete superare una determinata velocità massima, che possiamo supporre essere ad esempio di $2\ m/s$ (metri al secondo).

Quindi, se vi trovate in un punto estremo della piscina, diciamo in prossimità del trampolino, e volete raggiungere un punto situato al centro della piscina, diciamo a $10\ m$ (metri) di distanza, vi occorreranno almeno $5\ s$ (secondi), se viaggiate alla velocità massima possibile.

Immaginate ora un bambino sul trampolino. In questa metafora il bambino rappresenta un'entità *micro*scopica, che si trova al di fuori dell'acqua della piscina, quindi al di fuori dello spazio fisico ordinario tridimensionale.

Le entità microscopiche, infatti, quando non sono organizzate in aggregati macroscopici, o quando non interagiscono con le entità presenti in determinati ambienti, sono entità tipicamente *non-spaziali*, che non appartengono all'acqua di quella piscina.

Il bambino, dunque, in quanto entità non-spaziale, si "muove" in uno spazio altro, che nella nostra metafora è rappresentato dall'aria sovrastante; e poiché la viscosità dell'aria è inferiore a quella dell'acqua, sarà in grado di farlo con maggiore velocità rispetto al nuotatore.

Supponiamo che la velocità limite nell'aria, per un bambino, sia di $10\,m/s$, e che questi stia correndo proprio a quella velocità sul trampolino, mentre è nel procinto di tuffarsi. Potrà allora passare dalla prossimità della regione del trampolino alla prossimità del centro della piscina in circa $1\,s$, cosa che ovviamente il nuotatore non è assolutamente in grado di fare.

La cosa interessante è che dalla prospettiva del nuotatore è come se il bambino, tuffandosi, apparisse al centro della piscina dal nulla, poiché questi non si muove di fatto attraverso l'acqua, come è costretto a fare lui, ma attraverso l'aria, che corrisponde a una dimensione spaziale differente, non-ordinaria e non percepibile tramite gli strumenti sensoriali ordinari.

Ora, spero che sia chiaro a tutti che un nuotatore che si trova immerso nell'acqua della piscina non potrà mai spostarsi da un punto all'altro della stessa come può farlo un tuffatore, che si trova al di fuori di essa, in una condizione del tutto differente.

Allo stesso modo, un corpo macroscopico (il nuotatore nella nostra metafora), essendo costretto a muoversi rimanendo sempre nello spazio fisico tridimensionale, non sarà mai in grado di imitare il comportamento di un'entità microscopica, che invece si trova quasi sempre al di fuori di esso.

Vi sono vari modi per dedurre la misteriosa non-spazialità delle entità microscopiche. Il più semplice è quello di prendere sul serio il *Principio di Indeterminazione di Heisenberg*. Infatti, secondo tale principio,[6] non è possibile determinare simultaneamente sia la posizione che la quantità di moto (quindi anche la velocità) di un'entità microscopica, con precisione arbitraria.

Pertanto, non è nemmeno possibile risolvere le equazioni del moto (che richiedono come input entrambe queste grandezze), e di conseguenza nemmeno è possibile determinare la traiettoria spaziale dell'entità in questione.

Questa impossibilità non nasce però dal fatto che ci mancherebbero delle informazioni, che se invece possedessimo ci permetterebbero di determinare tale traiettoria: si tratta di un'impossibilità fondamentale, irriducibile, che ci costringe a dedurre che tale traiettoria di fatto *non esiste*, e poiché non esiste, dobbiamo altresì abbandonare l'idea che un'entità microscopica sia un'entità sempre presente nello spazio fisico tridimensionale.

Per dirla con la metafora precedente, un'entità microscopica è essenzialmente un tuffatore, non un nuotatore, e se cercate un tuffatore lo troverete quasi sempre sul trampolino, o in aria, non in acqua.

D'altra parte, il corpo di un uomo, che è macroscopico, è un'entità genuinamente spaziale, cioè un nuotatore, non un tuffatore, e non può sparire dallo spazio come per magia, per poi ricomparire in un'altra regione dello stesso. O meglio, intendiamoci bene, non lo può fare secondo le leggi della fisica a noi oggi note.[7]

Infatti, potrebbero esserci delle leggi che non abbiamo ancora scoperto secondo le quali, in determinate circostanze, tale possibilità potrebbe avere luogo (vedi i racconti di parateletrasporto menzionati all'inizio dell'articolo), ma qui vogliamo solo utilizzare quello che conosciamo con un certo grado di affidabilità, senza (troppo) speculare sull'ignoto.

Ma permettetemi un ulteriore appunto terminologico. Nella letteratura scientifica il termine *non-spazialità* è molto meno

---

[6] Che a dire il vero un principio non è, essendo deducibile a partire da postulati più fondamentali della teoria.
[7] Per dirla ancora in altri termini, il Principio di Indeterminazione di Heisenberg si applica unicamente alle entità non-spaziali, microscopiche, non alle entità spaziali, macroscopiche, fino a prova del contrario.

diffuso rispetto a quello di *non-località*, di cui forse avrete già sentito parlare. Entrambi questi termini esprimono però, grosso modo, lo stesso concetto.

Infatti, tutto ciò che è stabilmente presente nel nostro spazio tridimensionale è necessariamente *locale*, cioè *localmente* presente in esso.[8] Pertanto, ciò che non è presente *in senso locale*, di fatto non lo è del tutto, e di conseguenza i concetti di *non-località* e di *non-spazialità* sono tra loro intimamente collegati.

Ora, come ho cercato di spiegarvi grazie alla metafora della piscina, *la realtà è fatta a strati*, e uno di questi strati è quello in cui vivono le entità microscopiche: si tratta di uno strato che potremmo definire *prespaziale* (e che per certi versi è anche uno strato *pretemporale*).

Nelle "vicinanze" di questo misterioso strato *prespaziale* (lo strato d'aria al di sopra della piscina, nella metafora) si trova il nostro strato *spaziale ordinario* (l'acqua della piscina), entro il quale si evolvono le entità macroscopiche, cioè gli oggetti del nostro quotidiano, come ad esempio il nostro corpo fisico.

Il problema, come già ripetuto, è che un oggetto macroscopico ordinario, formato dall'aggregazione di un numero enorme di entità microscopiche non-ordinarie, è come un nuotatore nella piscina: non può di colpo librarsi nell'"aria," cioè nello strato prespaziale.

Alcuni lettori potrebbero a questo punto chiedersi come sia possibile che un corpo formato da entità che, se considerate individualmente (cioè separatamente), vivono al di fuori dello spazio tridimensionale, possa essere stabilmente presente in quest'ultimo.

Abbiamo qui una perfetta illustrazione del famoso detto che afferma che:

Una totalità è qualcosa di più (e allo stesso tempo qualcosa di meno) della somma delle sue parti.

---

[8] È importante non confondere il concetto di *non-località* con quello di *estensione spaziale*. Un oggetto spazialmente esteso, come una nuvola di gas, resta nondimeno un oggetto locale, cioè un oggetto le cui proprietà, in ogni regione dello spazio che occupa, sono perfettamente ben definite.

Un aggregato di atomi, cioè una somma di atomi, acquisisce in quanto aggregato delle proprietà (dette *emergenti*) che i suoi singoli componenti non sono in grado di possedere, come per l'appunto la proprietà della spazialità.

Naturalmente, ci sarebbe molto da aggiungere su queste delicate questioni, ma dobbiamo tornare al nostro problema di *autoteleportazione* spontanea.

Per il momento, ci limiteremo a considerare la questione in relazione a un singolo atomo, che (in determinate circostanze) è un'entità non-ordinaria (cioè un tuffatore); vedremo in seguito quali ipotesi fantafisiche aggiuntive saremo costretti ad accettare per riuscire ad estrapolare il nostro ragionamento all'intera struttura di un corpo macroscopico, come quello di un essere umano.

Dispersione del pacchetto d'onde

Il problema che vogliamo considerare è quello dell'evoluzione della *probabilità di presenza* (nello spazio) di un'entità microscopica, come ad esempio un singolo atomo, quando questa si evolve liberamente, cioè quando nessuna forza esterna o altra entità (microscopica o macroscopica) agisce su di essa.

Il termine "probabilità di presenza" va qui inteso nel senso della probabilità con cui l'entità microscopica in questione *si rende disponibile ad essere rilevata* (cioè osservata), nel nostro spazio tridimensionale, da un adeguato strumento di misura, in una determinata regione dello stesso, a un determinato tempo t.

Nella teoria quantistica, tale probabilità è data dal *modulo al quadrato* $|\psi_t(x)|^2$ della cosiddetta *funzione d'onda* (o pacchetto d'onde) ψ_t (che descrive lo stato dell'entità fisica in questione, al tempo t), integrato sulla regione di localizzazione.

Quello che mi appresto ora a fare è stimare la larghezza (cioè l'estensione spaziale) di tale pacchetto d'onde, nel caso semplice di un *atomo di idrogeno*, che è il primo elemento della famosa tavola periodica di *Mendeleev*.

Il calcolo che mi permetterà di stimare tale larghezza non è particolarmente complesso, ma per i lettori non-fisici, totalmente a digiuno del formalismo fisico-matematico della meccanica quantistica, le indicazioni che mi appresto a fornire potrebbero risultare un po' indigeste.

Potete quindi, se lo desiderate, saltare a piè pari questa sezione, senza troppi inconvenienti, e continuare la lettura a partire dalla prossima (a pagina 108), all'inizio della quale riassumerò comunque i risultati ottenuti.

Dunque, per determinare la funzione d'onda nel caso di un atomo di idrogeno è utile esprimere il problema nelle cosiddette *variabili del centro di massa e del movimento relativo*. Nel fare questo, trascureremo per semplicità la descrizione degli *spin* dell'elettrone e del protone.

Senza entrare nei dettagli tecnici di questo procedimento, che è del tutto standard e può essere trovato in ogni libro di base di meccanica quantistica, osserviamo che grazie a questo cambiamento di variabili è possibile trasformare il problema a due corpi in interazione (elettrone + protone) in un problema effettivo più semplice, corrispondente a due corpi (fittizi) che si evolvono indipendentemente l'uno dall'altro (le cui equazioni potranno pertanto essere risolte separatamente).

Il primo corpo corrisponde all'evoluzione del centro di massa del sistema, ed è equivalente all'evoluzione di una particella libera (in assenza di interazione) di massa totale

$$m = m_e + m_p$$

dove m_e e m_p sono le masse dell'elettrone e del protone, rispettivamente.

Il secondo corpo corrisponde invece all'evoluzione di una particella di massa (ridotta)

$$\mu = \frac{m_e m_p}{m_e + m_p}$$

che si muove in presenza di un campo di forza centrale, di tipo coulombiano.

Le soluzioni dell'equazione di Schrödinger associate al primo problema sono le cosiddette *onde piane*, che percorrono un *continuum* di energie possibili, da zero all'infinito (si parla in questo caso di *spettro continuo*).

Le soluzioni del problema con campo di forza centrale

coulombiano sono invece associate a dei valori di energia discreti, dati dalla formula:

$$E_n = -\frac{E_I}{n^2}$$

dove $n = 1, 2, ...$, e $E_I \approx 13,6 \, eV \approx 22 \cdot 10^{-19} \, J$ è l'energia d'ionizzazione dell'atomo di idrogeno.

Si parla in questo caso di *spettro discreto*, corrispondente alle famose *linee spettrali* (in emissione o in assorbimento) osservabili sperimentalmente.

Ora, per quanto attiene alle possibilità di spostamento nello spazio dell'atomo di idrogeno, ciò che conta è il movimento del *centro di massa* del sistema, che come dicevamo si evolve liberamente, in assenza di interazioni, come se si trattasse di un'entità di massa totale m.

Ciò che siamo interessati a calcolare è la *dispersione spaziale del pacchetto d'onde* ψ_t, associato all'evoluzione libera del centro di massa, dal momento che tale dispersione ci offrirà (come vedremo) una buona stima della probabilità di osservare l'atomo di idrogeno a una certa distanza rispetto al luogo in cui è stato inizialmente rilevato, diciamo al tempo $t = 0$.

La dispersione spaziale del pacchetto d'onde al tempo t può essere stimata calcolando la cosiddetta *deviazione standard* (o *scarto quadratico medio*) ΔQ_t dell'*osservabile posizione* Q, che per definizione è data dalla radice quadrata:

$$\Delta Q_t = \sqrt{\langle Q^2 \rangle_t - \langle Q \rangle_t^2}$$

dove il simbolo "$\langle ... \rangle_t$" denota il valore medio, relativamente allo stato ψ_t.

Utilizzando il *teorema di Ehrenfest*, con cui è possibile calcolare l'evoluzione dei valori medi delle osservabili quantistiche, non è difficile mostrare (tramite un calcolo un po' lungo, ma non complesso) che scegliendo giudiziosamente l'origine dell'asse temporale, la larghezza ΔQ_t del pacchetto d'onde al tempo t vale:

$$\Delta Q_t = \sqrt{\frac{\Delta P_0^2}{m^2} \cdot t^2 + \Delta Q_0^2},$$

dove ΔQ_0 è la larghezza del pacchetto al tempo $t = 0$, mentre ΔP_0 è la dispersione dello stesso relativamente alla quantità di moto.

Per la larghezza iniziale ΔQ_0 del pacchetto, possiamo scegliere come valore quello tipico del *raggio di Bohr* (che nel modello semiclassico del fisico danese corrisponde al raggio dell'orbita più interna dell'elettrone), cioè $5,3 \cdot 10^{-11}$ m ($0,53$ *angstrom*), circa.

Per il valore di ΔP_0 possiamo invece considerare una dispersione che sia compatibile con l'energia dello stato fondamentale dell'atomo d'idrogeno, ossia tale che:

$$\frac{\Delta P_0^2}{2\,m} \approx E_I$$

In tal caso, considerando che la massa totale $m \approx m_p \approx 1,67 \cdot 10^{-27} kg$, otteniamo per la dispersione iniziale $\Delta P_0 \approx 8,6 \cdot 10^{-23}$ $J \cdot s/m$, e possiamo facilmente verificare che questo valore è del tutto compatibile con il *principio di indeterminazione di Heisenberg*. Infatti:

$$\Delta Q_0 \cdot \Delta P_0 \approx 45,6 \cdot 10^{-34} J \cdot s \approx 43 \cdot \hbar > \hbar/2$$

Inserendo questi valori nell'espressione di ΔQ_t, e osservando che il secondo termine nella radice è del tutto trascurabile, otteniamo:

$$\Delta Q_t \approx t \cdot 5,1 \cdot 10^4 \ m/s$$

Ossia:

$$t \approx 0,2 \cdot 10^{-4} \Delta Q_t \ s/m$$

espressione che ci indica il tempo necessario che dobbiamo (grosso modo) aspettare affinché il pacchetto d'onde relativo al centro di massa dell'atomo d'idrogeno raggiunga la larghezza effettiva ΔQ_t.

Consideriamo alcuni valori specifici. Per ottenere un'estensione del pacchetto di $5\ km$, cioè di $5 \cdot 10^3\ m$, dobbiamo aspettare circa $10^{-1}s$, cioè un decimo di secondo. In

1 s invece, il pacchetto avrà raggiunto una larghezza di circa 50 km, mentre in 10 s la sua larghezza sarà di 500 km, e via di seguito.

In altre parole, la *velocità effettiva* con cui cresce la dimensione radiale del pacchetto d'onde è di circa 50 km/s, ossia, $180'000$ km/ora, che è una velocità di tutto rispetto (e che nella nostra precedente metafora corrisponderebbe, in un certo senso, alla velocità massima raggiungibile dal tuffatore[9]).

Probabilità di sparire da un luogo e riapparire in un altro luogo

Riassumendo, nel caso di un atomo di idrogeno, abbiamo calcolato come si comporta quella parte della funzione d'onda che descrive lo spostamento *potenziale* nello spazio del suo centro di massa.

Abbiamo invece tralasciato quella parte della funzione d'onda che descrive il moto relativo tra il protone del nucleo e l'elettrone orbitale, e abbiamo altresì tralasciato le cosiddette variabili di spin, che corrispondono al momento cinetico intrinseco di queste entità elementari.

Più precisamente, abbiamo calcolato come varia l'estensione spaziale della funzione d'onda col passare del tempo, a causa del noto fenomeno di dispersione quantistica (che a sua volta può essere compreso come manifestazione del Principio di Indeterminazione di Heisenberg).

Quello che è importante comprendere è che il raggio d'azione della funzione d'onda corrisponde alla regione entro la quale l'atomo in questione ha una chance non nulla di essere rilevato. Quindi, se l'atomo di idrogeno, al tempo $t = 0$, era localizzato in una sfera il cui raggio era pari circa al raggio di Bohr, cioè $r_0 = 5,3 \cdot 10^{-11}$ m, ciò che abbiamo determinato è che, ad esempio dopo 1 s, tale raggio di localizzazione sarà cresciuto fino a raggiungere circa 50 km, cioè $5 \cdot 10^4$ m.

Ciò a cui siamo interessati è stimare la probabilità con cui

---

[9] La velocità del tuffatore è però una velocità *potenziale*, non una velocità *attuale*, in quanto il "moto" dello stesso non avviene nello spazio ordinario!

possiamo rilevare l'atomo non in una regione qualsiasi di questa sfera di $50\,km$ di raggio, ma *in una sua sotto-regione predeterminata*.

Infatti, se in seguito vogliamo estrapolare il nostro ragionamento a un'intera struttura macroscopica, è necessario che ogni atomo che la compone si ri-localizzi in una posizione specifica, in relazione agli altri atomi della struttura, alfine di ricostituirla in ogni suo dettaglio.

Vediamo quindi di stimare la probabilità che l'atomo d'idrogeno in questione possa essere rilevato, dopo $1\,s$ di tempo, in una sotto-regione predeterminata, entro la macrosfera di $50\,km$ di raggio corrispondente alla larghezza del pacchetto d'onde, e supponiamo che tale sotto-regione sia una microsfera di raggio pari al raggio di Bohr r_0.

Per proseguire nel nostro ragionamento, siamo a questo punto costretti ad effettuare un'ulteriore ipotesi. Infatti, la funzione d'onda non è una funzione costante, e di conseguenza la probabilità in questione varia a seconda di dove si trova esattamente tale microsfera all'interno della macrosfera.

D'altra parte, poiché siamo unicamente interessati a stimare degli ordini di grandezza, ipotizzeremo, per semplificare al massimo la nostra discussione, che la funzione d'onda sia "a forma di gradino," cioè che sia una funzione che può assumere solo due valori: un valore costante entro il suo raggio d'azione (cioè il suo supporto), e zero al di fuori di quest'ultimo.

Con questa ipotesi semplificatrice, abbiamo tutto quello che ci occorre per completare la stima dell'ordine di grandezza. A tal fine, ricordiamoci che per calcolare una probabilità di presenza dobbiamo integrare il modulo della funzione d'onda sulla regione di interesse. Considerando l'ipotesi precedente, ciò significa che la probabilità che cerchiamo sarà *proporzionale al volume relativo della microsfera rispetto al volume complessivo della macrosfera*.

Più esattamente, considerato che il volume di una sfera è proporzionale al suo raggio al cubo, otteniamo come ordine di grandezza per la probabilità p_H che l'atomo d'idrogeno (H) in questione venga rilevato, dopo un secondo di tempo, in una sottoregione microscopica predeterminata, entro una sfera di

50 *km* di raggio, il valore seguente:

$$p_H \approx \frac{r_0^3}{r^3} \approx \left(\frac{5,3 \cdot 10^{-11} m}{5 \cdot 10^4 \, m}\right)^3 \approx 10^{-45}$$

Si tratta indubbiamente, spero ne converrete, di un numero molto piccolo, con 45 *zeri dopo la virgola*! Naturalmente, possiamo fare lo stesso calcolo per delle macrosfere più grandi, cioè aspettando più tempo di solamente un secondo.

Se ad esempio aspettassimo dieci secondi, il raggio della macrosfera aumenterebbe di un ulteriore fattore 10 (passando da 50 *km* a 500 *km*), e di conseguenza la probabilità p_H passerebbe da 10^{-45} a 10^{-48}, cioè diminuirebbe di un fattore mille, e via di seguito.

Bene, ora che abbiamo ottenuto una stima della probabilità di *autoteleportazione quantistica* di un atomo d'idrogeno, dobbiamo considerare il caso di un intero corpo macroscopico, come ad esempio quello di un essere umano del pianeta terra, che per fare cifra tonda supporremmo avere una massa di 100 *kg*.

Qui ovviamente ci scontriamo con il problema già discusso che un corpo macroscopico è dotato della *proprietà emergente della spazialità*, e pertanto non è descrivibile in termini di funzione d'onda.

Ma supponiamo che, per una ragione a noi ignota, tutti i legami interatomici di colpo vengano meno, ossia che in un solo istante tutti gli atomi che formano il corpo dell'essere umano in questione si separino, nel senso che diventino delle entità indipendenti le une dalle altre, tornando così ad abitare lo *strato prespaziale* della nostra realtà fisica.

Sulla base di tale ipotesi (ovviamente fantascientifica), possiamo allora applicare il calcolo precedente a ciascun atomo della struttura corporea dell'individuo in questione.

Per non complicarci troppo la vita, supporremmo che tale struttura sia costituita unicamente da atomi di idrogeno, e dal momento che la massa di un atomo di idrogeno è di circa $1,67 \cdot 10^{-27} kg$, un uomo di 100 *kg*, se formato unicamente da atomi di idrogeno, ne conterrebbe all'incirca:

$$N \approx \frac{100 \, kg}{1,67 \cdot 10^{-27} \, kg} \approx 4,2 \cdot 10^{28} \approx 10^{28}$$

Ognuno di questi atomi dovrà singolarmente ri-localizzarsi in una regione specifica predeterminata, alfine di ricostituire l'intera struttura corporea, senza errori. Pertanto, la (stima della) probabilità p di autoteleportazione della struttura complessiva sarà data dal *prodotto* delle probabilità p_H di autoteleportazione di ogni singolo atomo contenuto in quel corpo.

Se il corpo fosse formato unicamente da due atomi, cioè $N = 2$, la probabilità varrebbe:

$$p \approx p_H \cdot p_H = p_H^2 \approx 10^{-45 \cdot 2} = 10^{-90}$$

Con tre atomi, la probabilità diventa:

$$p \approx p_H \cdot p_H \cdot p_H = p_H^3 \approx 10^{-45 \cdot 3} = 10^{-135}$$

Con $N = 10^{28}$ atomi otteniamo invece:

$$p \approx p_H \cdots p_H = p_H^N \approx 10^{-45 \cdot N} = 10^{-4,5 \cdot 10^{29}}$$

Riflettiamo per un momento sulla sconcertante infinitesimalità di questo numero. Per scriverlo in notazione decimale non-scientifica, cioè nella forma "0,000 ⋯" è necessario usare più di 10^{29} zeri, cioè più di *cento miliardi di miliardi di miliardi di zeri*!

Se immaginate di scrivere sulla carta uno zero al secondo, per scrivere l'intero numero vi ci vorranno più di 10^{29} secondi, ossia più di 10^{22} anni, vale a dire circa *un milione di miliardi di volte l'età ipotizzata dell'universo conosciuto* (secondo le attuali teorie cosmologiche)!

Questo per dire che il valore che abbiamo ottenuto per p, pur non essendo strettamente uguale a zero, è nondimeno talmente piccolo che non abbiamo alcun elemento di paragone per riuscire a comprenderlo. Eppure, abbiamo probabilmente ancora sopravvalutato tale probabilità!

Infatti, abbiamo dovuto ipotizzare che, per una ragione a noi ignota, tutti gli atomi del corpo dell'individuo che si autoteleporta, di colpo si disassemblino, assumendo una condizione di non-spazialità e consentendo al fenomeno di dispersione dei rispettivi pacchetti d'onde di prodursi.

Abbiamo altresì trascurato il problema dei moti relativi tra i diversi costituenti atomici, assimilando gli atomi dell'individuo a delle particelle libere fittizie, così come abbiamo trascurato le variabili di spin dei diversi costituenti atomici.

Inoltre, abbiamo supposto che l'ambiente in cui si evolvono i diversi componenti atomici, una volta disassemblati, corrisponda al vuoto assoluto, e abbiamo altresì supposto che ogni singolo atomo sia in grado di evolvere senza interagire con tutti gli altri, prima di riacquisire una localizzazione spaziale specifica.

Abbiamo poi ipotizzato che quando i diversi atomi ricompaiono nelle posizioni relative che occupavano prima di disassemblarsi, tutta la struttura macroscopica sia in grado di ri-assemblarsi, senza particolari inconvenienti.

Tutte queste ipotesi, che non abbiamo preso in considerazione nel nostro calcolo, andranno ovviamente a ridurre ulteriormente il valore della probabilità p, di un fattore che è molto difficile, se non impossibile, valutare.

Ma non è tutto, c'è un altro "miracolo fantascientifico" che è a dire il vero è implicito nel nostro ragionamento, forse ancora più stupefacente del miracolo del disassemblaggio della struttura iniziale.

Questo secondo miracolo ha a che fare con il processo di rilevazione successiva dei diversi atomi di idrogeno. Mi spiego meglio.

Un'entità elementare, come un protone, un elettrone, o un intero atomo di idrogeno, passano la più parte del loro tempo in una condizione non-spaziale, a meno che tali entità non siano inglobate in una struttura macroscopica (cioè siano legate a tale struttura), o interagiscano costantemente con altre entità fisiche.

Ora, sebbene la questione non sia unanime tra i fisici, molti concordano nel ritenere che un'entità microscopica non sia in grado di acquisire una localizzazione spaziale precisa spontaneamente, potendo farlo unicamente se interagisce con una determinata struttura macroscopica, come ad esempio quella di uno strumento rilevatore.

Ma sebbene i fisici sperimentali siano indubbiamente in grado di costruire apparecchi di rilevazione che consentono a un'entità microscopica di acquisire temporaneamente una specifica localizzazione spaziale, e sebbene questi apparecchi siano in grado di localizzare anche numerose entità microscopiche alla volta, uno strumento in grado di localizzare un'intera struttura macroscopica, come un corpo umano, che io sappia non solo non esiste, ma nemmeno forse è concepibile.

Resta la possibilità, ovviamente, che il processo di localizzazione spaziale possa avvenire anche in assenza di strutture macroscopiche di rilevazione, come ipotizzato, ad esempio, nelle cosiddette *teorie oggettive del collasso*, nell'*interpretazione transazionale della fisica quantistica*, nella *interpretazione a molti mondi*, e in molte altre interpretazioni ancora, ma qui mi fermo, altrimenti la discussione rischia di diventare non solo altamente speculativa, ma anche piuttosto tecnica.

Quello che qui mi preme evidenziare è che il processo di scomparsa iniziale della struttura corporea, tramite disassemblaggio dei suoi 10^{28} componenti atomici, e il successivo processo di ricomparsa degli stessi, tramite riacquisizione di spazialità, sono processi che probabilmente non possono avvenire spontaneamente, ma richiedono la presenza di apparecchiature specifiche, al momento del tutto inconcepibili.

Molto si potrebbe ancora dire circa le difficoltà inerenti alla stima di p. Tra i fattori che abbiamo tralasciato vi sono naturalmente anche quelli che potrebbero accrescere leggermente il valore della probabilità. Ad esempio, abbiamo supposto che tutti i componenti debbano ri-localizzarsi a un medesimo istante t. Nulla ci impedisce però di considerare ulteriori istanti, o un intero intervallo di tempo, o ammettere che potrebbe esserci anche un leggero tempo di ritardo nella ricomparsa dei diversi atomi, senza che questo comprometta necessariamente il ri-assemblaggio dell'intera macrostruttura corporea.

Ma queste considerazioni, peraltro tecnicamente assai complesse, non sono sicuramente in grado di cambiare radicalmente il valore di p, che resterebbe comunque ultrainfinitesimale.

Regole di superselezione

È tempo di concludere questa mia breve dissertazione sull'ipotetica autoteleportazione quantistica.

Lascio ovviamente allo scrittore di fantascienza il compito di integrare questa mia (assai pessimistica) analisi della fisica (decisamente improbabile) di questo processo con un'azzeccata soluzione fantascientifica, che sia sufficientemente credibile e che non violi troppe leggi in un sol colpo, consentendo all'eroe del suo racconto di teletrasportarsi e compiere la sua missione, qualunque essa sia!

Per quanto mi riguarda, concludo con un'ultima riflessione. Forse non tutti i lettori non specialisti (che hanno avuto il coraggio di leggere l'intero articolo) avevano sentito parlare del fenomeno della *dispersione della funzione d'onda*, che come abbiamo visto avviene molto velocemente.

Secondo la teoria quantistica, un atomo di idrogeno, se lasciato evolvere liberamente, acquisisce in poco tempo una taglia davvero gigantesca, apparentemente in contraddizione con quanto solitamente osservato.

Ma non è tutto, quando si considera lo spettro delle energie di un atomo di idrogeno, oltre ai valori di energia discreti, associati al movimento relativo tra protone ed elettrone, in linea di principio dobbiamo considerare anche i valori di energia continui, associati al moto traslazionale del centro di massa.

Lo spettro energetico complessivo dell'atomo è allora dato dalla somma di questi due spettri energetici. Ma siccome la somma di uno spettro discreto e di uno spettro continuo produce uno spettro continuo, tale risultato non consente di spiegare la finezza delle linee spettrali osservate in ambito sperimentale.

Per farla breve, senza ulteriori accorgimenti, l'applicazione dell'*equazione di Schrödinger* al problema dell'atomo di idrogeno non consente di ottenere dei risultati in accordo con l'osservazione sperimentale, cioè in accordo con il fatto che gli atomi non possiedono taglie effettive macroscopiche, né spettri di natura continua.

Per risolvere questo problema, si fa solitamente ricorso in fisica al concetto di *regole di superselezione*. Queste regole restringono gli stati effettivamente realizzabili di un sistema quantistico, per ovviare al fatto che non tutte le funzioni d'onda (cioè non tutti gli stati) sono di fatto ammissibili fisicamente.

In altre parole, una regola di superselezione, associata a una determinata osservabile fisica, impedisce di prendere in considerazione delle *sovrapposizioni* tra stati aventi dei valori differenti per questa osservabile, poiché se si realizzassero tali sovrapposizioni si otterrebbe un risultato in disaccordo con i dati sperimentali.

Un tipico esempio di regola di superselezione è quella associata all'osservabile che determina se il tristemente famoso *gatto di Schrödinger* è vivo oppure morto.

Se ψ_V è la funzione d'onda che descrive il gatto vivo, e ψ_M è la funzione d'onda che descrive il gatto morto, allora, per quanto ne sappiamo, la funzione d'onda $\psi_V + \psi_M$, ottenuta *sovrapponendo* un gatto vivo e un gatto morto, non corrisponde a uno stato fisicamente realizzabile.

Questo significa che esiste una regola di superselezione, relativa alla condizione vitale del gatto, che inibisce le sovrapposizioni di funzioni d'onda con valori differenti di tale variabile.

Nel problema dell'atomo di idrogeno, la variabile associata alla regola di superselezione è di tipo continuo, e corrisponde alla posizione e quantità di moto del centro di massa del sistema protone-elettrone. Infatti, nelle condizioni sperimentali abituali, il centro di massa di un atomo di idrogeno si comporta essenzialmente come un'entità *classica*, e non come un'entità quantistica.

Le ragioni di questo comportamento classico possono essere molteplici, e differire a seconda del contesto sperimentale, nel senso che le regole di superselezione che determinano il comportamento classico di alcune parti di un sistema (inibendo le relative sovrapposizioni) e permettono il comportamento quantistico di altre (consentendo le relative sovrapposizioni) sono solitamente indotte dalle caratteristiche specifiche dell'ambiente in cui il sistema è immerso.

Nel caso dell'atomo d'idrogeno, se vogliamo ottenere dei valori corretti per lo spettro di energia e per la localizzazione spaziale, cioè in accordo con i dati sperimentali, è necessario considerare la posizione e la quantità di moto del centro di massa come variabili di tipo classico, associate a una regola di superselezione che ne proibisce la sovrapposizione.[10]

Determinare quali osservabili sono di tipo classico, e quali invece di tipo quantistico, è un problema tecnico, di non sempre facile soluzione. Infatti, non esiste una ricetta univoca: in certi contesti determinate variabili saranno classiche, mentre in altri contesti saranno quantistiche.

Ovviamente, se consideriamo il centro di massa di un atomo di idrogeno come espressione di una regola di superselezione, cioè come variabile puramente classica, allora addio autoteleportazione! Se invece lo consideriamo come un sistema puramente quantistico, allora addio accordo con i dati sperimentali!

Ma come già ribadito, per determinare la classicità o quantisticità di un'osservabile è necessario prendere dovutamente in considerazione il contesto sperimentale, che a seconda delle sue caratteristiche sarà in grado di modificare radicalmente il comportamento dei sistemi fisici.

Quando un atomo si trova inglobato in una struttura materiale macroscopica, o sottoposto all'interazione continua di innumerevoli entità microscopiche e campi di forza presenti nell'ambiente, subisce solitamente un processo detto di *decoerenza quantistica*, cioè di *desincronizzazione delle funzioni d'onda*, in grado di trasformare determinate variabili altrimenti quantistiche in variabili del tutto classiche.

Ecco perché, all'inizio di questo scritto, ho affermato che, rigorosamente parlando, il fenomeno dell'autoteleportazione quantistica non sia di fatto possibile. Più esattamente, è del tutto impossibile ($\mathscr{p} = 0$) se consideriamo l'ambiente in cui abitualmente evolviamo noi umani, che ci rende entità macroscopiche puramente classiche.

Insomma, la natura classica o quantistica di un'entità fisica non è una caratteristica intrinseca della stessa, ma di tipo

---

[10] Vedi ad esempio: C. Piron, *Mécanique quantique. Bases et applications*, Presses polytechniques et universitaires romandes, 1990 (in particolare la sezione 5.7, alle pagine 118-123).

contestuale: in certi contesti, certe entità si comportano quantisticamente (quando sottoposte a determinati processi osservativi, o a determinate interazioni), in altri contesti si comportano invece classicamente.

Queste mie considerazioni aprono a dire il vero a un'importante riflessione, riassumibile nel seguente quesito:

La realtà fisica è fondamentalmente quantistica?

Sono molti i fisici che lo ritengono, cioè che pensano che la teoria quantistica sia più fondamentale di quella classica, e che il comportamento classico emerga dal substrato quantistico quando si realizzano determinate circostanze.

D'altra parte, è possibile pensare alla questione in modo differente, ritenendo ad esempio che la realtà non sia né classica, né quantistica, bensì *ibrida*, cioè una strana combinazione di questi due casi limite.

In altre parole, le entità del mondo fisico sarebbero in generale delle entità *simil-quantistiche* (*quantum-like*), che manifestano sia aspetti classici che aspetti quantistici, a seconda dello stato in cui si trovano e delle osservabili prese in considerazione.

Secondo questa visione, suffragata da alcuni approcci molto profondi e generali ai fondamenti delle teorie fisiche, in particolar modo quello della cosiddetta scuola di *Ginevra-Brussel*,[11] il regime classico e il regime quantistico corrisponderebbero a dei casi limite di situazioni più generali.

Più esattamente, il regime classico sarebbe associato a un contesto sperimentale che non contempla fluttuazioni, dove tutti i processi osservativi sono a priori predeterminabili. Il regime quantistico sarebbe invece associato a un contesto sperimentale le cui fluttuazioni sono massime, rendendo così impossibile ogni predeterminazione degli esiti osservativi.

Tra questi due estremi vivrebbero le strutture intermedie, ibride, né propriamente classiche né propriamente quantistiche, di cui i fisici hanno cominciato a interessarsi solo da pochi anni, e che sembrano costituire il modello più generale possibile per

---

[11] Questa scuola di pensiero è oggigiorno attiva soprattutto in Belgio, presso il centro *Leo Apostel*, diretto dal fisico belga *Diederik Aerts*.

descrivere un'entità fisica in interazione con il proprio ambiente.[12]

---

[12] Vedi ad esempio: Diederik Aerts, "Classical theories and non classical theories as a special case of a more general theory," J. Math. Phys. 24, p. 2441, 1983; vedi anche: "The stuff the world is made of: physics and reality." In D. Aerts, J. Broekaert and E. Mathijs (Eds.), *Einstein meets Magritte: An Interdisciplinary Reflection* (pp. 129-183). Dordrecht: Kluwer Academic.

A PROPOSITO DI AUTORICERCA

AutoRicerca è la rivista del *LAB – Laboratorio di Autoricerca di Base*. Il suo scopo è pubblicare scritti di valore, in lingua italiana, sul tema della *ricerca interiore*.

Ponendosi al di fuori delle abituali categorie editoriali, *AutoRicerca* offre ai suoi lettori articoli di notevole livello, selezionati, controllati e tradotti personalmente dall'editore. Questi testi, pur esigendo un certo impegno per essere assimilati – vanno studiati, più che letti – restano pur sempre accessibili al lettore generico, purché animato da buona volontà e realmente desideroso di imparare qualcosa di nuovo.

In accordo con la *Dichiarazione di Berlino*, che afferma che la disseminazione della conoscenza è incompleta se l'informazione non è resa largamente e prontamente disponibile alla società, *AutoRicerca* è una rivista ad accesso aperto.

Più specificatamente, i volumi in formato elettronico (pdf) sono scaricabili gratuitamente dal sito del *LAB*, cliccando sul link corrispondente.

L'accesso aperto alla versione elettronica non esclude però la possibilità di ordinare i volumi cartacei (è possibile ordinare anche un singolo volume), il cui acquisto è un modo per sostenere la missione della rivista.

Se desiderate essere sempre informati sulle nuove uscite (al momento la cadenza è di due numeri all'anno), potete iscrivervi alla mailing-list, inviando una email all'indirizzo seguente: *info@autoricerca.ch*, indicando nell'oggetto "mailing-list-rivista," e specificando nel corpo del messaggio nome, cognome e paese di residenza.

NUMERI PRECEDENTI

NUMERO 1, ANNO 2011 – LO STATO VIBRAZIONALE

Un approccio alla ricerca sullo stato vibrazionale attraverso lo studio dell'attività cerebrale (*Wagner Alegretti*)

Attributi misurabili della tecnica dello stato vibrazionale (*Nanci Trivellato*)

Dal pranayama dello Yoga all'OLVE della Coscienziologia: proposta per una tecnica integrativa (*M. Sassoli de Bianchi*)

NUMERO 2, ANNO 2011 – FISICA E REALTÀ

Proprietà effimere e l'illusione delle particelle microscopiche (*Massimiliano Sassoli de Bianchi*)

Un tentativo di immaginare parti della realtà del micromondo (*Diederik Aerts*)

NUMERO 3, ANNO 2012 – L'ARTE DI OSSERVARE

L'arte dell'osservazione nella ricerca interiore (*M. Sassoli de Bianchi*)

NUMERO 4, ANNO 2012 – SCIENZA E SPIRITUALITÀ

Yoga, fisica e coscienza (*Ravi Ravindra*)

Cercare, ricercare, autoricercare…
Speculazioni su origine e struttura del reale (*M. Sassoli de Bianchi*)

NUMERO 5, ANNO 2013 – OBE

Scoprire la tua missione di vita (*Kevin de La Tour*)

Esperienze fuori del corpo: una prospettiva di ricerca (*N. Trivellato*)

Filtri parapercettivi, esperienze fuori del corpo e parafenomeni associati (*Nelson Abreu*)

Elementi teorico-pratici di esplorazione extracorporea
(*Massimiliano Sassoli de Bianchi*)

NUMERO 6, ANNO 2013 – ENERGIA

Una sottile rete di luce (*Andrea Di Terlizzi*)

Bioenergia (*Sandie Gustus*)

Energie sottili o materie sottili? Una chiarificazione concettuale

Trasferimento interdimensionale di energia: un modello semplice di massa (*Massimiliano Sassoli de Bianchi*)

NUMERO 7, ANNO 2014 – SCIENZA, REALTÀ & COSCIENZA

Scienza, realtà e coscienza. Un dialogo socratico
(*Massimiliano Sassoli de Bianchi*)

NUMERO 8, ANNO 2014 – ARCHETIPI

Astrologia elementale e aritmosofia (*Vittorio D. Mascherpa*)

La nuova astrologia (*Nadav Hadar Crivelli*)

Corrispondenze astrologiche: una prospettiva multiesistenziale
(*Massimiliano Sassoli de Bianchi*)

NUMERO 9, ANNO 2015 – CORRISPONDENZE

Dialogando con Misha e Maksim (*autori anonimi*)

NUMERO 10, ANNO 2015 – STUDI SULLA COSCIENZA

Risultati preliminari sul rilevamento di bioenergia e dello stato vibrazionale mediante fMRI (*Wagner Alegretti*)

Requisiti per una teoria matematica della coscienza (*F. Faggin*)

Studi preliminari su evidenze di pseudoscienza in coscienziologia
(*Flávio Amaral*)

Fisica quantistica e coscienza: come prenderle sul serio e quali sono le conseguenze? (*Massimiliano Sassoli de Bianchi*)

NUMERO 11, ANNO 2016 – CORRISPONDENZE BIS

Dialogando con Misha e Maksim... e alcuni altri (*autori anonimi*)

NUMERO 12, ANNO 2016 – DIALOGO SULLA REALTÀ

Tra mentore e pupillo. Dialogo sulla realtà / Between mentor an pupil. Talking about reality (*Massimiliano Sassoli de Bianchi*)
[ALSO AVAILABLE IN ENGLISH]

NUMERO 13, ANNO 2017 – DIALOGO SULLA MALATTIA

Tra mentore e pupillo. Dialogo sulla malattia (*M. Sassoli de Bianchi*)

NUMERO 14, ANNO 2017 – NDE

NDE – La prova della sopravvivenza (*Andrea Pasotti*)

NUMERO 15, ANNO 2018 – NDE

Lo Yoga Darshana di Patanjali
Elementi di Sadhana dello Yoga (*M. Sassoli de Bianchi*)

NUMERO 16, ANNO 2018 – DUE CUORI

Due cuori / Two hearts (*Massimiliano Sassoli de Bianchi*)
[ALSO AVAILABLE IN ENGLISH]

NUMERO 17, ANNO 2019 – SPUNTI DI OSSERVAZIONE

Spunti di Osservazione (*Antonella Spotti*)

NUMERO 18, ANNO 2019 – THE SECRET OF LIFE

The secret of life (*Diederik Aerts, Kigen William Ekeson Massimiliano Sassoli de Bianchi & Valéry Schneider*)

Quantum theory and conceptuality: matter, stories, semantics and space-time (*Diederik Aerts*)

Telos and Complexity (*Kigen William Ekeson*)
[ONLY AVAILABLE IN ENGLISH]

www.ingramcontent.com/pod-product-compliance
Lightning Source LLC
Chambersburg PA
CBHW030920180526
45163CB00002B/411